普通高等教育"十二五"规划教材

铅 冶 金

雷 霆 余宇楠 李永佳 陈利生 编著

U0314887

北 京

冶 金 工 业 出 版 社

2024

内 容 提 要

本书结合企业生产实际，围绕硫化铅精矿烧结焙烧—熔炼—粗铅精炼这一工艺流程，主要讲述了铅冶金的基础理论和操作技术，包括硫化铅精矿烧结焙烧的基本原理和工艺流程，含铅原料的熔炼，粗铅精炼，炼铅炉渣的处理方法，含锗、锢鼓风炉炼铅炉渣的烟化处理，循环经济与清洁生产。

本书可作为高等院校冶金工程、冶金技术及相关专业的教材，也可作为职业技能培训教材及工程技术人员的参考用书。

图书在版编目（CIP）数据

铅冶金/雷霆等编著. —北京：冶金工业出版社，2012.8（2024.2 重印）
普通高等教育"十二五"规划教材
ISBN 978-7-5024-6016-7

Ⅰ.①铅… Ⅱ.①雷… Ⅲ.①铅—重金属冶金—高等学校—教材
Ⅳ.①TF 812

中国版本图书馆 CIP 数据核字（2012）第 185589 号

铅冶金

出版发行	冶金工业出版社	**电　话**	（010）64027926
地　址	北京市东城区嵩祝院北巷 39 号	**邮　编**	100009
网　址	www.mip1953.com	**电子信箱**	service@mip1953.com

责任编辑　杨盈园　美术编辑　彭子赫　版式设计　孙跃红
责任校对　卿文春　责任印制　禹　蕊
北京印刷集团有限责任公司印刷
2012 年 8 月第 1 版，2024 年 2 月第 4 次印刷
787mm×1092mm　1/16；11.75 印张；282 千字；177 页
定价 26.00 元

投稿电话　（010）64027932　投稿信箱　tougao@cnmip.com.cn
营销中心电话　（010）64044283
冶金工业出版社天猫旗舰店　yjgycbs.tmall.com
（本书如有印装质量问题，本社营销中心负责退换）

前　言

　　铅属于重金属，为元素周期表中第ⅣB族元素，元素符号为Pb。铅以金属、合金或化合物形式应用于国民经济的诸多部门，其中，铅与其他金属制成的合金在现代工业中的应用是其主要的消耗形式。在铅基合金生产中，蓄电池工业的用铅量最大。在现代工业所消耗的有色金属中，铅居第4位，仅次于铝、铜和锌。

　　我国铅的消费量是历年递增的。2010年，我国精铅消费量为364.2万吨，年增长9.4%，随着我国工业的发展，铅的消费量将继续呈上升趋势。我国铅资源产地有700多处，铅保有总储量3572万吨，居世界第2位。铅锌矿主要分布在滇西的兰坪、滇川、南岭、秦岭-祁连山地区以及内蒙古狼山-阿尔泰地区。

　　我国是铅的主要生产国和消费国。发展我国的铅产业，科研、生产一线专业性人才的培养是根本，然而，目前培养此类人才的高等院校缺乏铅冶金的教学课程和教材。因此，根据我国铅产业发展的需要，在普通高等学校本科冶金工程专业和高职高专院校冶金技术专业中开设铅冶金课程，编写《铅冶金》普通高等教育教材，培养一批铅产业所需的科学技术型或工程技术型高级专业人才，对于我国铅产业的发展尤为重要和必要。

　　本书贯彻理论与实际相结合的原则，按照铅冶金完整的生产工作过程以及当前应用的新技术、新工艺，结合企业生产实际，围绕硫化铅精矿烧结焙烧—熔炼—粗铅精炼这一工艺流程，逐一介绍了铅冶金的基础理论和操作技术，主要包括硫化铅精矿烧结焙烧的基本原理和工艺流程，含铅原料的熔炼，粗铅精炼，炼铅炉渣的处理方法，含锗、铟鼓风炉炼铅炉渣的烟化处理，循环经济与清洁生产等内容。为便于读者自学，加深理解和学用结合，各章均配有复习思考题。

　　本书可作为高等院校冶金工程、冶金技术及相关专业的教材，也可作为职业技能培训教材或工程技术人员的参考用书。

　　由于作者水平所限，书中难免有不妥之处，敬请广大读者不吝赐教。

作　者

2012年4月

目　录

1 绪 论

1.1 概 述

我国的铅工业是 1949 年建国以后发展起来的。1949 年，全国产铅精矿含铅量、粗铅产量、精铅产量分别仅为 190kt、290kt 和 260kt。经过 50 年的努力，到 2000 年，上述各产品的产量已分别达到 569kt、547kt 和 1050kt，居世界第二位。到 2003 年，我国精铅产量已达 1540kt，跃居世界第一位。2010 年，我国精铅产量更是高达 4199kt。

铅主要用于制造合金。按照性能和用途，铅合金可分为：

（1）耐蚀合金：主要用于蓄电池栅板、电缆护套、化工设备和管道等；

（2）焊料合金：主要用于电子工业、高温焊料、电解槽耐蚀件等；

（3）电池合金：主要用于生产干电池；

（4）轴承合金：主要用于各种轴承的生产；

（5）模具合金：主要用于塑料及机械工业用的模具。

铅的化合物，如铅白、铅丹、铅黄及密陀僧等，广泛用于颜料；盐基性硫酸铅、磷酸铅和硬脂酸铅用作聚氯乙烯的稳定剂。此外，铅对 X 射线、γ 射线都具有良好的吸收能力，广泛用于 X 光机和原子能装置的防护材料。目前，国内外正研究将铅应用于电动汽车和电动自行车上（作为动力电池）、重力水准测量装置、核废料包装物、氚气防护屏、微电子材料和超导材料等。

按 1985 年全国工业普查资料，我国铅的消费结构为：蓄电池占 40.8%，电缆护套占 15.3%，氧化铅占 13.2%，机械制造占 6.9%，其他方面占 13.1%。由于近些年来我国汽车工业的飞速发展，蓄电池消费铅大幅度增加，占铅消费量的比例增加到 60% 以上。随着铅蓄电池工业的快速发展，这一比例将进一步扩大。

我国铅消费量的年均递增率：1960 ~ 1970 年为 2.86%，1970 ~ 1980 年为 3.45%，1980 ~ 1990 年为 1.8%，到 2000 年，我国人均铅消费量为 0.45kg。2010 年，我国精铅消费量 3642kt，与 2009 年同比增加 9.4%，随着我国工业的发展，铅消费将呈上升趋势。

1.1.1 铅资源分布与储量

世界已查明的铅资源量约为 15 亿吨，储量较大的国家为澳大利亚、中国、美国、加拿大、秘鲁和墨西哥等。世界勘查和开采铅锌矿的主要类型有喷气沉积型、密西西比河谷型、砂页岩型、黄铁矿型、矽卡岩型、热液交代型脉型等，以前四类为主，它们占世界储量的 85% 以上，尤其是喷气沉积型，不仅储量大，而且品位高，世界各国均很重视。

我国铅资源产地有 700 多处，保有铅总储量 35720kt，居世界第二位。铅锌矿主要分布在滇西的兰坪地区、滇川地区、南岭地区、秦岭 - 祁连山地区以及内蒙古狼山 - 阿尔泰地区。铅锌矿成矿时代从太古宙到新生代皆有，以古生代铅锌矿资源最为丰富。

目前全国已探明的铅储量为：云南（5728kt）、广东（4013.6kt）、内蒙古自治区（3393.8kt）、江西（2601.4 kt）、湖南（2591.4kt）、甘肃（2590.6kt）。此外，铅保有储量较多的省（自治区）还有四川、广西、陕西、青海等，上述各省（自治区）的铅保有储量总计占全国总保有储量的80%。云南铅储量占全国总储量的17%，位居全国榜首，广东、内蒙古自治区、江西、湖南、甘肃次之，这些地区的探明储量均在2000kt以上。从矿床类型来看，主要有与花岗岩有关的花岗岩型（广东连平）、矽卡岩型（湖南水口山）、斑岩型（云南姚安）矿床，与海相火山有关的矿床（青海锡铁山），还有产于陆相火山岩中的矿床（江西冷水坑和浙江五部铅锌矿），产于海相碳酸盐（广东凡口）、泥岩 – 碎屑岩系中的铅锌矿（甘肃西成铅锌矿），产于海相或陆相砂岩和砾岩中的铅锌矿（云南兰坪金顶）等。

我国铅锌矿资源重要远景区有秦岭、祁连山、川黔滇、豫西、额尔古纳、大兴安岭和阿尔泰等地区。

1.1.2　铅的用途

铅能以金属、合金或化合物的形式应用于国民经济的诸多部门，其中，铅与其他金属制成的合金在现代工业中的应用，则是其消耗的主要形式。在铅基合金中，蓄电池工业的用铅量最大。铅对人类社会发展和文明进步作出了重大的贡献。现代工业所消耗的有色金属中，铅居第四位，仅次于铝、铜和锌，成为重要的工业使用金属之一。

随着汽车工业和其他机车工业的发展，铅蓄电池工业对铅的需求量也在增加。铅蓄电池电力车在航空港、车站、码头以及城市内交通运输中的应用也很广泛，它在安全和无污染方面，大大优于燃料车辆。

铅蓄电池作为不间断供电系统（UPS）应用于医院、电信和计算机网络，是很好的移动电源，特别是铅钙合金的出现，开发了新型密封的不加水免维护铅酸蓄电池，实现了巨型铅酸蓄电池组与普通电路并网。目前，世界上有多套这种蓄电池组在线运行，如南非瓦尔雷夫金矿竖井的容量7.4MW·h的铅酸蓄电池供电系统，德国汉加蓄电池公司1984年投产的7MW·h负荷的调节系统。美国加利福尼亚州斯泰特斯韦尔市电力公司、印第安纳州曼西市德科雷米蓄电池厂和威斯康星州密尔基市约翰林康托尔斯黄铜铸造厂都兴建了削峰铅酸蓄电池组。在德国柏林和日本大阪也有一些大型蓄电池组在并网运行。另外，国际铅锌研究组织与加利福尼亚州埃德林电力部门联合建设了一套世界上最大的蓄电池组，容量40MW·h，于1998年开始试运行。

铅除了用于启动、照明、点火和牵引电力蓄电池外，在运输行业，还以合金形式用于轴承、车辆油箱，以及车体焊料的填料。

在建筑行业中，铅板已日益广泛地用作隔音材料，但在屋顶、挡板、管道和填料方面的使用量正逐渐下降，然而X射线室的铅玻璃和壁板等的原材料还是离不开使用铅。铅具有阻尼作用而被用作建筑防止地震破坏的减振器。特别是，世界上有数百座核反应堆，每年产生的数以万吨的高辐射废料需要安全处理，铅对这种放射性废料辐射有良好的屏蔽性能，用铅作封闭的介质密封，将核废料埋入地下是极为安全的。

铅具有很高的化学稳定性，抗酸抗碱的能力都极强。在化学工业和冶金工业中，铅用于设备防腐、防漏以及溶液贮存，也用作电缆的保护套以防腐蚀。铅还可用于特殊的包装，如铅箔和铅板包装贮存放射性物质，保护 X 射线胶片，铅砣则用作渔具、电梯配重以及潜水艇和船体稳定等方面。

铅的化合物（主要是氧化物）除用于制造蓄电池外，还用于油漆、颜料、陶瓷、玻璃、橡胶、染料、火柴以及黏结材料和石油精炼中。

1.2　铅及其主要化合物的性质

1.2.1　铅的性质

铅属于重金属，为元素周期表中第 IV B 族元素，元素符号 Pb，原子序数为 82，价电子层结构为 $5d^{10}6s^26p^2$，金属铅结晶属等轴晶系，为面心立方晶格。铅的物理性质为硬度小、密度大、熔点低、沸点高、展性好、延性差，铅对电与热的传导性能差，高温下易挥发，在液态下流动性大，其主要物理性质见表 1-1。

表 1-1　铅的主要物理性质

相对原子质量	207.21
熔点 $t/℃$	327.43
熔化热 $Q_{熔}/\mathrm{kJ \cdot mol^{-1}}$	5.121
沸点 $t/℃$	1525
铅的蒸气压/kPa	1.33×10^{-4}（893K）
	1.33×10^{-3}（983K）
	1.33×10^{-2}（1093K）
	1.33×10^{-1}（1233K）
	1.33（1403K）
	13.3（1563K）
	38.5（1689K）
	101.3（1798K）
汽化热 $Q_{汽}/\mathrm{kJ \cdot mol^{-1}}$	177.8
密度 $\rho/\mathrm{g \cdot cm^{-3}}$	11.3437（293K）
线膨胀系数 $\alpha_t/\mathrm{K^{-1}}$	29.1×10^{-9}
电阻率 $\mu/\Omega \cdot m$	20.648×10^{-8}（293K）
热导率 $\lambda/\mathrm{W \cdot (m \cdot K)^{-1}}$	35.3（300K）
莫氏硬度/$\mathrm{kg \cdot mm^{-2}}$	1.5
磁化率 $\chi_m/\mathrm{m^3 \cdot kg^{-1}}$	-1.39×10^{-9}

铅在完全干燥的常温空气中有金属光泽；在不含空气的水中或常温空气中，不发生任何化学反应；但在潮湿或含有二氧化碳的空气中，铅易失去光泽而变成暗灰色，其表面被 PbO_2 薄膜覆盖。

铅在空气中加热熔化时，最初氧化成 PbO_2；温度升高时则氧化成 PbO；继续加热到

330 ~ 450℃ 时，形成的 PbO 又氧化为 Pb_2O_3；在 450 ~ 470℃ 之间，则形成 Pb_3O_4（即 $2PbO \cdot PbO_2$），俗称铅丹。无论 Pb_2O_3 或 Pb_3O_4，在高温下都会发生离解，如：

$$Pb_3O_4 \Longrightarrow 3PbO + 1/2O_2$$

上述反应的离解压与温度的关系见表 1-2。所有含氧量较多的铅氧化物在高温下都不稳定，在高于 600℃ 时，都能离解成 PbO 和 O_2。

表 1-2　Pb_3O_4 离解压与温度的关系

温度/℃	450	475	500	525	550	575	600
离解压/Pa	1400	3200	6933	14800	29730	56260	113324

铅易溶于硝酸、硼氟酸、硅氟酸、醋酸和硝酸银中，难溶于稀盐酸和硫酸，缓溶于沸盐酸和发烟硫酸中。

铅是放射性元素钍、铀、锕分裂的最后产物，它可吸收放射性线，具有抵抗放射性物质射过的性能。

1.2.2　铅主要化合物的性质

铅的化合物主要有硫化铅、氧化铅、硫酸铅和氯化铅等。

1.2.2.1　硫化铅

硫化铅（PbS），具有金属光泽，在自然界中以方铅矿存在，呈黑色（结晶状态呈灰色）。PbS 中，含铅量为 86.6%，其主要物理性质见表 1-3。

表 1-3　硫化铅的主要物理性质

密度 $\rho/g \cdot cm^{-3}$	7.40 ~ 7.64
熔点 $t/℃$	1135
PbS 的蒸气压/kPa	1.033（1125K）
	0.267（1201K）
	1.330（1248K）
	7.990（1347K）
	1.33×10^4（1381K）
	2.67×10（1433K）
	5.33×10^4（1494K）
	1.013×10^2（1554K）
PbS 的离解压（1000℃）/Pa	16.8

PbS 中的铅能被对硫亲和力大的金属置换，如温度高于 1000℃ 时，铁可置换 PbS 中的铅，反应式为：

$$PbS + Fe \Longrightarrow FeS + Pb$$

上述反应即为炼铅常见的沉淀反应原理。

PbS 可与 FeS、Cu_2S 等金属硫化物形成锍，CaO、BaO 对 PbS 能起分解作用，反应式为：

$$4PbS + 4CaO === 4Pb + 3CaS + CaSO_4$$

在还原气氛下，PbS 还可发生下列反应：

$$2PbS + CaO + C(CO) === Pb + PbS \cdot CaS + CO(CO_2)$$

当炉料中存在大量的 CaS 时，将降低铅的回收率，这是因为 CaS 能与 PbS 形成稳定的 CaS·PbS。

在铅的熔点附近，PbS 不溶于铅，随着温度的升高，PbS 在铅中的溶解度增加。在 1040℃ 时，PbS 与铅的熔合体分为两层：上层含 PbS 89.5%，铅 10.5%；下层含 PbS 19.4%，铅 80.6%。冷却时，PbS 以纯净的结晶体从 Pb-PbS 熔合体中析出，这是鼓风炉熔炼中炉结形成的原因之一。

PbS 溶解于 HNO_3 及 $FeCl_3$ 的水溶液中，故 HNO_3 和 $FeCl_3$ 都可用来作为方铅矿的浸出剂。

PbS 几乎不与 C 和 CO 发生反应，在空气中加热 PbS 时，生成 PbO 和 $PbSO_4$，其开始氧化的温度为 360~380℃。

1.2.2.2 氧化铅

氧化铅（PbO），又称密陀僧，氧化铅有两种同素异形体：正方晶系的红密陀僧和斜方晶系的黄密陀僧。熔化的密陀僧骤冷时呈黄色，缓冷时呈红色，前者在高温下稳定，两者的相变点为 450~500℃。氧化铅的主要物理性质见表1-4。

表1-4 氧化铅的主要物理性质

熔点 $t/℃$	886
沸点 $t/℃$	1472
PbO 的蒸气压/kPa	0.133（1216K）
	0.667（1312K）
	1.330（1358K）
	7.990（1495K）
	1.33×10^4（1538K）
	2.67×10（1603K）
	5.33×10^4（1675K）
	1.013×10^2（1745K）

氧化铅是难离解的稳定化合物，但它容易被碳和一氧化碳还原。

氧化铅是强氧化剂，能氧化碲、硫、砷、锑、铋和锌等。同时，氧化铅又是两性氧化物，它既可与 SiO_2、Fe_2O_3 结合，生成硅酸盐或铁酸盐，也可与 CaO、MgO 等反应生成铅酸盐，如：$PbO_2 + CaO == CaPbO_3$。此外，氧化铅还可与 Al_2O_3 结合生成铝酸盐。氧化铅对硅砖和黏土砖的侵蚀作用很强烈。

所有的铅酸盐都不稳定，在高温下即离解并放出氧气。

氧化铅是良好的助熔剂，它可与许多金属氧化物形成易熔的共晶体或化合物。在 PbO

过剩的情况下，难熔的金属氧化物即使不形成化合物也会变成易熔物，此种性质在铅冶炼过程中具有很重要的意义。

1.2.2.3 硫酸铅

硫酸铅（$PbSO_4$）是较稳定的化合物，密度为 6.34g/cm^3，熔点为 1170℃。硫酸铅开始分解的温度为 850℃，激烈分解的温度为 905℃。PbS、ZnS 和 Cu_2S 等存在时，能加速硫酸铅的分解，并使其开始分解温度降低。例如 $PbSO_4$ 和 PbS 系中，反应开始温度为 630℃。$PbSO_4$ 和 PbO 都能与 PbS 发生反应生成金属铅，这是硫化铅精矿直接熔炼的主要反应之一。

1.2.2.4 氯化铅

氯化铅（$PbCl_2$）呈白色，熔点 498℃，沸点 954℃，密度 5.91g/cm^3。氯化铅能溶解于碱金属和碱土金属氯化物（如 NaCl 等）的水溶液中，但在水溶液中的溶解度甚小，25℃时溶解度仅为 1.07%，100℃时为 3.2%。氯化铅在 NaCl 等水溶液中的溶解度随温度升高、NaCl 浓度的增加而增大，当有 $CaCl_2$ 存在时，氯化铅的溶解度更大。如在 50℃时，NaCl 饱和溶液中氯化铅的最大溶解度为 42g/L，在有 $CaCl_2$ 存在时，将 NaCl 饱和溶液加热至 100℃时，氯化铅的溶解度可增加到 100 ~ 110g/L。

1.3 铅冶金的原料

炼铅的主要原料是铅矿石，其次是二次铅物料。铅矿石分为硫化矿和氧化矿两大类。硫化矿中，方铅矿（PbS）分布最广，它属原生矿，且多与辉银矿（Ag_2S）、闪锌矿（ZnS）共生，除此以外，还常与黄铁矿（FeS）、黄铜矿（$CuFeS_2$）、硫砷铁矿（FeAsS）和辉铋矿（Bi_2S_3）等共生。脉石成分主要有石灰石、石英石、重晶石等。矿石中还含有锑、镉、金及少量的铟、锗、铊、碲等。氧化矿属次生矿，主要包括白铅矿（$PbCO_3$）和铅矾（$PbSO_4$），常与硫化矿共存。

二次铅物料主要有：回收的废蓄电池残片及填料，蓄电池厂及炼铅厂所产的铅浮渣，二次金属回收厂和有色金属生产厂所产的含铅炉渣，二次金属回收和贵金属冶炼厂所产含铅烟尘，湿法冶金所产的浸出铅渣，铅熔炼所产的含铅锍以及铅消费部门产生的各种铅废料等。

在工业发达国家，以再生铅为原料生产铅的数量已占铅总产量的 40% ~ 44%。

一些铅精矿成分（质量分数）的实例见表 1-5，我国铅精矿的等级标准见表 1-6，部分再生铅原料的化学成分（质量分数）见表 1-7。

表 1-5 一些铅精矿成分的实例 （质量分数/%）

成 分		Pb	Zn	Fe	Cu	Sb	As	S	MgO	SiO$_2$	CaO	Ag/g·t^{-1}	Au/g·t^{-1}
国内精矿	Ⅰ	66.0	4.9	6	0.7	0.1	0.05	16.5	0.1	1.5	0.5	900	3.5
	Ⅱ	59.2	5.74	9.03	0.04	0.48	0.08	19.2	0.47	1.55	1.13	547	
	Ⅲ	60	5.16	8.67	0.5	0.46		20.2		1.47	0.46	926	0.78
	Ⅳ	46	3.08	11.1	1.6		0.22	17.6		4.5	0.48	800	10

续表1-5

成　分		Pb	Zn	Fe	Cu	Sb	As	S	MgO	SiO₂	CaO	Ag/g·t⁻¹	Au/g·t⁻¹
国外精矿	Ⅰ	76.8	3.1	1.99	0.03		0.2	14.1	0.2		75		
	Ⅱ	74.2	1.3	3	0.4		0.12	15	0.5	1	1.7		
	Ⅲ	50	4.04		0.47	0.03	0.004	15.7		13.5	2.3		

表1-6　我国铅精矿的等级标准　　　　（质量分数/%）

品　级	铅（不小于）	杂质（不大于）				
		Cu	Zn	As	MgO	Al₂O₃
一级品	70	1.5	5	0.3	2	4
二级品	65	1.5	5	0.35	2	4
三级品	60	1.5	5	0.4	2	4
四级品	55	2.0	6	0.5	2	4
五级品	50	2.0	7	—	2	4
六级品	45	2.5	8	—	2	4
七级品	40	3.0	8	—	2	4

表1-7　部分再生铅原料的化学成分　　　　（质量分数/%）

再生铅原料名称	Pb	Sb	Sn	Cu	Bi
废铅蓄电池极板	85~94	2~6	0.03~0.5	0.03~0.3	<0.1
压管铅板（管）	>99	<0.5	0.01~0.03	<0.1	—
铅锑合金	85~92	3~8	0.1~1.0	0.1~0.8	0.2~0.5
电缆铅皮	96~99	0.11~0.6	0.4~0.8	0.018~0.31	—
印刷合金	98~99	0.05~0.24	0.05~0.02	0.02~0.13	—

1.4　铅冶金方法

与许多有色金属一样，从铅矿石中提取铅的方法主要有两种，即火法炼铅和湿法炼铅。但湿法炼铅目前仍处于研究阶段，或只用于小规模生产和再生铅的回收。当代工业生产铅的方法几乎全部采用火法炼铅。

据不完全统计，世界上的矿产铅约75%是采用烧结焙烧-鼓风炉还原熔炼流程生产的，约10%是用铅锌密闭鼓风炉生产的，约15%是用直接熔炼法生产的。

1.4.1　火法炼铅方法基本原理

就火法炼铅基本原理而言，其方法可分为下列几类。

1.4.1.1　氧化还原熔炼法

氧化还原熔炼法包括硫化铅精矿中硫化铅及其他硫化物高温氧化生成氧化物（也可

能生成金属）和氧化物还原得到金属两个过程，如硫化铅在氧化还原熔炼时完成如下反应：

$$PbS + 3/2O_2 =\!=\!= PbO + SO_2$$
$$PbO + CO(C) =\!=\!= Pb + CO_2(CO)$$
$$PbS + O_2 =\!=\!= Pb + SO_2$$

传统的烧结焙烧-鼓风炉还原熔炼就是基于这一原理。

1.4.1.2　反应熔炼法

反应熔炼是在适当温度和氧化气氛下，使铅精矿部分脱硫及氧化后，立即与未氧化的 PbS 相互作用生成金属铅，而一部分 PbO 则与碳质还原剂 CO 作用生成金属铅，另一部分 PbO 与碳质还原剂 C 作用生成金属铅的过程。其基本反应式为：

$$2PbS + 3O_2 =\!=\!= 2PbO + 2SO_2$$
$$PbS + 2O_2 =\!=\!= PbSO_4$$
$$2PbO + PbS =\!=\!= 3Pb + SO_2$$
$$PbSO_4 + PbS =\!=\!= 2Pb + 2SO_2$$
$$PbO + CO(C) =\!=\!= Pb + CO_2(CO)$$

硫化铅的氧化反应为放热反应，所以实践中只需配入少量燃料和还原剂，即可维持熔炼所需的温度。反应熔炼常用膛式炉，所以也称膛式炉熔。膛式炉熔炼设备简单，熔炼过程快，操作简便，粗铅质量高，燃料和溶剂消耗少。但要求精矿含硫化铅品位高，杂质含量要求极严，且生产率和直收率都低（直收率约 65%），劳动条件差，污染较大而失去了工业应用的意义。

1.4.1.3　沉淀熔炼法

根据热力学原理，对硫亲和力大于铅的金属都可以从硫化铅中置换出来铅，沉淀熔炼即基于此原理，常用的置换剂为金属铁，其反应如下：

$$PbS + Fe =\!=\!= Pb + FeS$$

上述反应的进行是不彻底的，因为会有部分 PbS 与 FeS 结合成 PbS·3FeS（铅冰铜），所以铁只能从 PbS 中置换出 72%~79% 的铅，而且沉淀熔炼需加入过量的铁才能达到上述直收率，这时过剩的铁会溶入铜锍中。因此严格地讲，在高温（高于 1000℃）下沉淀熔炼的反应为：

$$4PbS + 4Fe =\!=\!= 3Pb + PbS·3FeS + Fe$$

沉淀熔炼法流程简单，易于操作，粗铅质量较好，铅的挥发损失较低，投资也较少，但铁屑和燃料消耗大，回收率低，劳动条件较差，劳动生产率也不高，故不可能大规模采用。目前，该法主要用于从废蓄电池中回收铅。

1.4.1.4　加碱熔炼法

该法是将纯碱（或烧碱）和碳质燃料（煤粒或焦炭粒）与铅精矿混合后，在反射炉或电炉中熔炼获得粗铅和熔渣的方法，其反应式为：

$$PbS + Na_2CO_3 + C =\!=\!= Pb + Na_2S + CO + CO_2$$

$$PbS + Na_2CO_3 + CO \xlongequal{\quad} Pb + Na_2S + 2CO_2$$

在工业生产中，常将沉淀法与加碱法联合使用，称为曹达铁屑炼铅法，其反应式可表示如下：

$$2PbS + Na_2CO_3 + Fe + 2C \xlongequal{\quad} 2Pb + Na_2S + FeS + 3CO$$

曹达铁屑炼铅法属直接炼铅或一步炼铅法，该法消除了二氧化硫气体对大气的污染，具有节能环保的优点。但该法需使用较昂贵的纯碱作熔剂，而纯碱的再生又过于复杂，所以，该法为中小型企业用于处理高品位精矿或废蓄电池铅的回收，也用于炼铅企业中间产品如铅铜锍、铅浮渣、铅烟尘、铅浸出渣等的处理。大多数情况下，不对纯碱进行再生。

1.4.2　传统铅冶金技术

传统铅冶金技术以烧结焙烧-鼓风炉还原熔炼法应用最为广泛，它是一种用焦炭作还原剂，把铅的氧化物还原为精铅的方法。该法虽然存在能耗较大和对环境污染等不易解决的缺点，但其处理能力大，原料适应性强，加上长期生产积累的丰富经验和不断的技术改造，使这一传统炼铅工艺还保持着活力。目前，世界上的铅矿有85%以上是用烧结焙烧-鼓风炉还原熔炼法处理的。

铅烧结块还原熔炼是使铅的氧化物还原，并与贵金属和铋等聚集进入粗铅，而使各种造渣成分（包括 SiO_2、CaO、FeO、Fe_3O_4 等）及锌等进入炉渣，以达到分离的目的。当原料含铜较高时，可产出铅铜锍。熔炼产物有四种，按其比重的不同分为四层，由上而下分别为炉渣、铅铜锍(铅硫)、砷冰铅(黄渣)和粗铅。

传统炼铅法存在的主要缺点如下：

（1）烧结过程中脱硫不完全，产出低浓度二氧化硫烟气，无法制酸，对环境造成严重污染，并且能耗大、生产率低。从实际生产看，硫化矿烧结脱硫率只有60%～70%，这种状况致使工厂采用二次烧结和大量返料二次烧结的方法去完成脱硫任务，但是无论采用哪种方法，最后产出的烧结块含硫还在1.5%～2.5%。烧结同时产生大量烟气，其中 SO_2 含量较低（一般小于5%），用于制酸较困难，所以大部分烟气都未加处理而直接排入大气。在烧结过程中，铅由于其蒸气压较高而容易溢出，对环境也会造成危害。

（2）随着选矿技术的进步，铅精矿品位一般可达到60%以上。但是，这种高品位精矿给正常烧结带来许多困难，需加入大量的熔剂，返粉或炉渣将烧结料的含铅量降至40%～50%，设备生产能力大大降低。

（3）流程长、含铅物料运转量大，粉尘多，散发出的大量铅蒸气、铅粉尘严重恶化了车间劳动卫生条件，容易造成劳动者中毒。

1.4.3　铅冶金新技术

鉴于传统炼铅法的种种弊端，世界各国开展了大量的研究：(1)对现有烧结焙烧-鼓风炉熔炼工艺进行改进。(2)研究一些新的冶炼工艺以取代传统工艺。

1.4.3.1　对烧结焙烧-鼓风炉熔炼工艺的改进

（1）对烧结机进行改造，主要包括两个方面：加大烧结机尺寸和提高密封效果，这是改善环境和综合利用的有效措施。

（2）采用富氧鼓风或热风技术，降低焦炭消耗。据报道，当预热空气时，炉子的生产能力可提高 20%～30%，焦炭消耗降低 15%～25%。

（3）解决 SO_2 的回收问题，较为成功的是丹麦的托普索法。该法的主要特点是不论烟气 SO_2 浓度高低，均可产出含 93%～95% 硫的尾气。

1.4.3.2　硫化铅直接熔炼法

硫化铅直接熔炼法是指硫化铅精矿不经过焙烧而直接生产出金属铅的熔炼方法。

自 20 世纪 80 年代以来，研究者试图通过 PbS 受控氧化，即 $PbS + O_2 \Longrightarrow Pb + SO_2$ 的反应途径来实现硫化铅精矿的直接熔炼。从而简化生产流程，降低生产成本，利用氧化反应的热能降低能耗，产出高浓度的烟气用于制酸而减少对环境的污染。但由于直接熔炼产生大量铅蒸气、铅粉尘，且熔炼产物不是粗铅中硫高就是炉渣含铅高，致使许多直接熔炼的方法都不是很成功。

近年来，研究者根据金属硫化物直接熔炼的热力学原理，运用现代冶金强化熔炼新技术，探寻结构合理的冶金反应器，对直接炼铅进行了多种方法的研究。其中有些方法已经成功地应用于大规模工业生产，显示出了直接熔炼的强大生命力。可以预见，直接熔炼法将逐渐取代传统的铅冶炼法。

硫化铅精矿的直接熔炼法可分为两类：

（1）把铅精矿喷入灼热的炉膛空间，在悬浮状态下进行氧化熔炼，然后在沉淀池进行还原和澄清分离，如基夫赛特法，这种熔炼方式也称为闪速熔炼法；

（2）把铅精矿直接加入翻腾的熔体中进行熔炼，如富氧底吹法（QSL 法）、水口山法、奥斯麦特法和艾萨法等，这种熔炼方法称为熔池熔炼法。

下面介绍基夫赛特法、QSL 法、奥托昆普熔炼法、顶吹旋转转炉法、艾萨法、水口山炼铅法等直接熔炼铅的方法。

A　基夫赛特法

基夫赛特法是将硫化铅精矿工业氧闪速熔炼和熔融炉渣电热还原相结合，直接产出粗铅的铅熔炼方法，为直接炼铅法的一种，已在俄罗斯、哈萨克斯坦、玻利维亚和意大利获得工业应用。它将传统火法炼铅中的烧结焙烧、鼓风熔炼和炉渣烟化三个过程合并在单一、密闭的基夫赛特铅锌炉内进行。工业实践证明，由于基夫赛特炼铅法采用氧气熔炼，可以处理各种铅精矿，甚至包括品位很低的精矿和传统方法不易处理的含铅残渣，从而具有原料适应性强，可从再生原料中回收铅，宜与电锌厂配套等优点。

与其他直接炼铅法比较，基夫赛特炼铅法由于采用电热还原，电耗较高。在沉淀池熔体上设置一红热焦炭滤层以后，电耗会大大降低。

B　QSL 法

QSL 法属于熔池熔炼法。它是利用熔池熔炼的原理和浸没底吹氧气的强烈搅动，使硫化物精矿、含铅二次物料与熔剂等原料在反应器（熔池）内充分混合，迅速熔化和氧化，生成粗铅、炉渣和 SO_2 烟气的方法。QSL 法于 1973 年提出，已在德国斯托尔贝格（Stolberg）炼铅厂和韩国高丽锌公司温山（Onsan）冶炼厂取得成功。20 世纪 90 年代，我国西北铅锌冶炼厂曾引进了一套 QSL 设备。

C 奥托昆普熔炼法

该法是芬兰的奥托昆普开发的一种熔炼法，它与基夫赛特熔炼法的设备结构很相似，氧化段为闪速炉，还原段为电炉，整个工艺分干燥、闪速熔炼、炉渣贫化和烟气处理几个部分。精矿中的硫被氧化为 SO_2 进入烟气，产出的熔融粗铅和炉渣在炉子的沉淀区沉积，粗铅中的硫含量非常低，通过彻底氧化，可使粗铅中的含硫量低于 0.1%，在该工艺中氧气的利用率可达 100%。采用奥托昆普法可将所有的过程，包括炉渣贫化放在一个设备中进行，粗铅的产率较高，密闭性好，可避免铅和硫对环境的污染，炉内温度较低，可处理湿物料。

D 顶吹旋转转炉法

顶吹旋转转炉法（TBRC）是由钢铁工业中的转炉演变而来的，该法采用转炉氧气顶吹熔炼富铅精矿，作业分为氧化和还原两段进行，氧化段可自热，还原段需补加部分重油。TBRC 法熔炼时氧化和还原在一个炉子内进行，没有流态物料的转运过程。干精矿通过喷嘴时与氧气或空气混合，熔炼中有一部分铅氧化后进入炉渣，因此，熔炼后需对渣中的铅进行还原。

TBRC 法具有以下优点：熔炼、还原和精炼在一个炉子内完成，无需外加熔炼炉；炉料可直接加入炉内，无需制团、筛分等预处理；生产灵活，无论高、低品位原料都可在同一周期内分别或同时处理，适应性强，可处理各种物料，包括精矿、再生铅、贵金属泥及烟尘等；炉子结构紧凑、密封性好，可防止排放物扩散，满足环保要求。

但该法为阶段性作业，烟气浓度时高时低、不易控制，不利于 SO_2 的回收和利用，且要求入炉物料含水小于 0.5%，需复杂的干燥系统，还原期还需加油。

E 艾萨法

艾萨法是由澳大利亚的 Mount Isa 矿业有限公司和澳大利亚联邦工业研究组织（CSIRO）共同开发的一种完全连续的两段式新工艺。艾萨法熔炼技术基于将气体经过从上方插入的塞罗沉没熔炼的喷枪射入熔体，沉没喷射产生涡动熔池，让强烈的氧化反应或还原反应发生。在第一阶段，含硫铅精矿、石灰石、石英、焦粉等物料通过混合制粒后加入熔池，经喷枪射入富氧空气或空气、燃料或还原性气体。熔炼后产出的富铅渣经溜槽送还原炉，氧化脱硫产出的烟气经除尘后送制酸系统制酸。在还原炉内，富铅渣在煤、空气及燃油的作用下进行还原反应，所产粗铅和弃渣从还原炉的一个排放口排出，并在电热前床中澄清分离，所产烟气经除尘处理后从烟囱排放。

F 水口山炼铅法

水口山炼铅法（SKS 法）为我国自主开发的一种氧气底吹直接炼铅法，1993 年列为国家攻关项目，由水口山矿物局和北京有色冶金设计研究总院等单位共同完成。考虑到氧化、还原两个过程所要求的氧势和温度相差较大，该法将氧化和还原过程分别在两个熔炼炉中进行。氧化段采用氧气底吹熔池熔炼，产出部分粗铅和富铅渣，还原段采用工艺技术成熟的鼓风炉熔炼富铅渣。

该法的主要优点是对原料的适应性强、冶炼流程缩短；采用富氧底吹技术强化了冶炼过程；烟气 SO_2 浓度高达 20%，便于制酸，解决了对环境的污染问题。

G　其他炼铅法

其他炼铅法还有奥斯麦特法、柯明科法(加拿大)、瓦纽柯夫熔炉法、诺兰达法(加拿大)和美国的短窑熔炼法等等。

1.4.4　湿法炼铅工艺

烧结焙烧-鼓风炉还原熔炼，作为一种传统的火法炼铅流程已经很成熟，然而，该法产出的烟气中二氧化硫浓度低，不易回收，对大气造成严重污染，冶炼过程中含铅逸出物也会造成对生产环境和大气的污染，能源消耗也较大。尽管基夫赛特法和 QSL 法等这样一些现代火法炼铅工艺产出的高浓度二氧化硫烟气可以用于制酸，但是，制酸尾气和含铅逸出物的污染也难以完全根除。此外，火法炼铅不宜处理低品位铅矿和复杂铅矿，随着炼铅工业的发展，高品位和易处理铅矿不断减少，因而，对低品位和复杂铅矿的处理越来越受到重视。为此，近年来冶金工作者开展了大量的湿法炼铅试验研究工作，湿法炼铅过程不产出二氧化硫气体，含铅烟尘和挥发物逸出极少，对低品位和复杂矿处理的适应性也较强。根据近年来的资料报道，试验研究所采用的湿法炼铅方法多种多样，主要可归纳为 3 个方面：(1) 硫化铅矿直接还原成金属铅；(2) 硫化铅矿的非氧化浸出；(3) 硫化铅矿的氧化浸出。

复习思考题

1-1　铅合金的性能和用途有哪些？

1-2　世界铅资源的分布与储量情况如何？

1-3　火法炼铅方法的基本原理是什么？

1-4　硫化铅矿直接熔炼的方法主要有哪几种？

2 硫化铅精矿的烧结焙烧

烧结焙烧-鼓风炉还原熔炼法属传统的炼铅方法，一般包括硫化铅精矿烧结焙烧、鼓风炉还原熔炼、粗铅火法精炼三大环节。其生产工艺流程如图 2-1 所示。

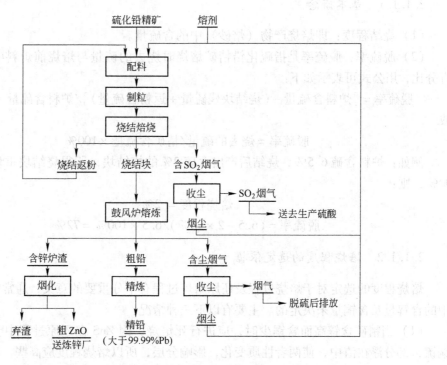

图 2-1 硫化铅精矿的烧结焙烧-鼓风炉还原熔炼生产工艺流程

2.1 硫化铅精矿烧结焙烧的目的

采用鼓风炉还原熔炼方法生产金属铅时，只有铅的氧化物极易被还原成 Pb，而铅的硫化物则不能被还原，PbSO$_4$ 也只能被还原成 PbS。若烧结块中残存多余的硫，则熔炼时会产出大量的铅冰铜，降低铅的回收率。

当 PbS 精矿中所含砷、锑等硫化物的含量较高时，若不在烧结过程中挥发出一部分，则熔炼时将与其他金属(主要为铁)形成化合物及其合金(黄渣)，黄渣会溶解铅及贵金属。因此，以上情况会影响铅及贵金属的回收率。

PbS 精矿粒度极细，大部分粒度小于 200 目，这种细小的物料透气性极差，熔炼时会大量被气流带走或生成炉结。

综上所述，为便于鼓风炉熔炼，就必须把铅精矿在熔炼前进行预备作业，即烧结焙烧，其目的是：

（1）除去精矿中的硫，使金属硫化物转变为金属氧化物；

（2）若含砷、锑高时，则将其部分除去；

（3）将细料烧结成硬而多孔的烧结块，以适应鼓风炉熔炼作业的要求。

当处理块状富氧化铅矿时，无需烧结焙烧，只要将矿石破碎到一定的粒度即可直接熔炼，若为碎料，则应先烧结制团再进行熔炼。

2.1.1　烧结程度及脱硫率

2.1.1.1　基本概念

（1）烧结程度：即焙烧产物（焙砂）中的含硫量。

（2）脱硫率：脱硫率是指硫化铅精矿焙烧时烧去的硫量与焙烧前炉料中总含硫量的百分比，用公式可表示如下：

脱硫率 = ［炉料含硫量 - （烧结块残硫量 + 返粉含硫量）］/炉料含硫量 × 100%

或

$$脱硫率 = 烧去的硫量/精矿含硫量 × 100\% \tag{2-1}$$

例如：炉料含硫 6.5%，烧结后产出含硫 2% 的烧结块，所得烧结块重量为烧结料的 90%，则：

$$焙烧程度 = 2\%$$

$$脱硫率 = (6.5 - 2 × 90\%)/6.5 × 100\% = 72\%$$

2.1.1.2　焙烧程度的选定依据

焙烧程度的选定对于焙烧过程及还原熔炼过程有十分重要的意义，通常它是根据精矿中的含锌量及含铜量来决定的。主要有以下三种情况：

（1）当精矿含锌高而含铜少时，应进行死焙烧，因 ZnS 在还原过程中会部分溶于铅铜锍，部分浮在渣中，使两者性质变化，影响分层，所以焙烧程度应高些，即残留的硫应低些（S 1.5% ~2.0%）。

（2）当精矿含铜高（大于 1% 时）而含锌低时，则希望烧结块中残留有一定量的硫，使铜能较完全地以 Cu_2S 形态溶入铅铜锍。这样既可减少铜的损失，又可避免 Cu_2O 回到铜形态而溶入粗铅从而导致鼓风炉操作困难，即残硫量应保证能获得含铜 10% ~15% 的铅铜锍。此时，精矿中含铜总量的 80% ~90% 都进入铅铜锍中。

（3）当精矿中含锌、铜都高时，则采用下列不同的方法：

1）先进行死焙烧，然后在鼓风炉熔炼时直接往炉内加入 FeS_2 作硫化剂；

2）采取死焙烧，但鼓风炉熔炼时提高熔炼温度，使粗铅对铜有更大的溶解力，并克服铜随温度降低从粗铅中析出形成炉结的危害，这可提高铜的回收率并节省费用；

3）在配料时，适当搭配低锌低铜精矿，使两者（或其中一种）的含量不超过限定值。

采用烧结机焙烧时，脱硫率一般为 70% ~80%，烧结块残硫一般在 1.5% ~2.5% 之间。

2.1.2 烧结焙烧工艺的发展

烧结焙烧在古代采用堆烧法，19世纪到20世纪初采用反射炉，后来又采用烧结锅、烧结盘，一直发展到现在使用烧结机。

为了得到符合要求的烧结块，有时采用二次烧结。采用二次烧结的原因是铅精矿含硫通常在14%~24%之间，而烧结设备的脱硫率最高不超过80%，所以只经过一次焙烧难以产出含硫1.5%~7.5%的烧结块。因此，要求铅精矿含硫为5%~7%。解决的办法如下：

（1）将高硫铅精矿进行配料，使其含硫为5%~7%，可加入熔剂、水碎渣和返粉（即返料，为烧结块总量的60%~70%）。此法的优点是操作简单，缺点是烧结块质量不如两次烧结好，且有效烧结块的生产率低于一次烧结（因产出60%~70%的返粉）。

（2）采用两次焙烧，即先用熔剂、返粉、水碎渣配料，使含硫降到10%~13%，进行预焙烧，得半烧结块（含硫5%~8%），然后将其破碎筛分后再进行烧结焙烧，这种方法得到的烧结块质量好、块率高，但操作复杂。

2.1.3 烧结块的质量要求

烧结块的化学成分应满足还原反应与造渣过程的要求，同时，烧结块应具有一定的机械强度，在鼓风炉还原熔炼时不致被一定高度的炉料层压碎。此外，烧结块应为多孔结构并具有良好的透气性。

烧结块的质量主要用强度、孔隙率和残硫率3个指标来衡量。

强度测定：通常做落下试验，将烧结块从1.5m的高处，自由落到水泥地面或钢板上，反复三次，一般视裂成少数几块而不全碎成粉为好；或将三次落下碎后物进行筛分，小于10mm的质量不超过20%，则强度符合要求。

气孔率：在工厂一般很少测定气孔率，质量好的烧结块，气孔率一般不小于60%，通常凭肉眼判断。

残硫率：残硫率根据取样测定，一般要求在2%以下。

2.2 基本原理

2.2.1 硫化物进行氧化的难易程度

因PbS的烧结焙烧是高温氧化过程，所以有必要弄清楚其反应的难易程度。硫化物氧化反应的通式为：

$$2/3MeS + O_2 \Longrightarrow 2/3MeO + 2/3SO_2 \tag{2-2}$$

反应的$\Delta G^{\ominus}$与温度的关系如图2-2所示，一般而言，越是位于图下方的硫化物越易氧化（因$\Delta G^{\ominus}$愈负），且过程基本上为不可逆过程，从图2-2中可见，FeS、ZnS等易氧化，而PbS、Cu_2S则难氧化。

2.2.2 硫化物的着火温度

金属硫化物的氧化都属放热反应，因此氧化焙烧无需补充燃料，称自热焙烧。反应所

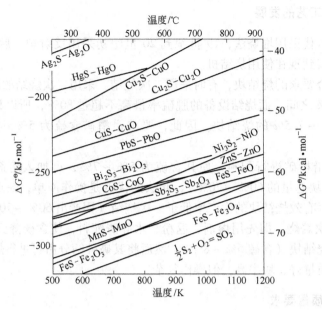

图 2-2　硫化物氧化的 $\Delta G^{\ominus}\text{-}T$ 图

需的温度称着火温度（在某一温度下，硫化物氧化所放出的热，足以将氧化过程自发地扩展到全部物料，并使反应连续进行而无需外加燃料。这一温度称为着火温度）。

　　硫化物的着火温度愈高，则愈难焙烧。硫化物及氧化物的热容量及致密度愈小，则着火温度愈低，反之则高。硫化物的粒度越小，则表面积越大，有利于气固反应，则着火温度愈低。

　　由表 2-1 可知，在同一粒度下，ZnS 及 PbS 的着火温度较高，而 FeS_2 及 $CuFeS_2$ 的着火温度较低，说明前两者的稳定性大于后两者，即前两者难焙烧，且 PbS 又难于 ZnS。

表 2-1　硫化物着火温度与粒度的关系

粒度编号	粒级粒度/mm	着火温度/℃				
		黄铜矿	黄铁矿	磁硫铁矿	闪锌矿	方铅矿
1	0.0 ~ 0.05	280	290	330	505（395）	554
2	0.05 ~ 0.075	335	345	419	605	679
3	0.075 ~ 0.10	357	405	444	623	710
4	0.10 ~ 0.15	364	422	460	637	720
5	0.15 ~ 0.20	375	423	465	644	730
6	0.20 ~ 0.30	380	424	471	646	730
7	0.30 ~ 0.50	385	426	475	646	735
8	0.50 ~ 1.00	395	426	480	646	740
9	1.00 ~ 2.00	401	428	482	646	750
每粒级各取 0.2g 的混合物		360	394	448	620	700
棱长为 7mm 的立方体		497	445	在 755℃ 不着火	651	780

2.2.3 炉料各组分在烧结时的行为

炉料各组分在烧结时的行为分为以下几个方面：

（1）烧结焙烧过程中 PbS 的反应式为：

$$2PbS + 3.5O_2 = PbO + PbSO_4 + SO_2 \tag{2-3}$$

$$3PbSO_4 + PbS = 4PbO + 4SO_2 \tag{2-4}$$

$$PbS + 2PbO = 3Pb + SO_2 \tag{2-5}$$

其中，铅的生成量决定于铅精矿的含铅品位。从上述反应式可以看出，硫化铅在氧化气氛下加热时会形成 PbO 及 $PbSO_4$，两者的量由过程的温度和气相组成决定。由反应式 $PbO + SO_3 = PbSO_4 + Q$（放热）知，炉气中 SO_3 浓度增大，焙烧温度下降，则形成的 $PbSO_4$ 多。炉气中的 SO_2 在催化剂（Fe_2O_3、SiO_2 等）及 O_2 存在时，会氧化成 SO_3，即：

$$2SO_2 + O_2 = 2SO_3$$

若炉气中的 SO_3 分压大于 $PbSO_4$ 的平衡离解分压时，则反应式（2-3）向右进行，即生成 $PbSO_4$，反之则生成 PbO。为防止 $PbSO_4$ 的形成，必须具备良好的排气设备，以便迅速将过程中的 SO_2 及 SO_3 排出，并在高温下进行焙烧，但温度的提高应以不过早烧结为原则。在实际生产中，熔剂的存在会促使 $PbSO_4$ 的分解，所以焙烧矿中的 $PbSO_4$ 量很少，即：

$$PbSO_4 + CaO = PbO + CaSO_4$$

$$2PbSO_4 + SiO_2(Fe_2O_3) = 2PbO \cdot SiO_2(Fe_2O_3) + 2SO_2 + O_2$$

综上所述，烧结时，PbS 生成 PbO 和 $PbSO_4$，少量生成铅，然后游离的 PbO 极少，因多加入熔剂后生成了低熔点的 $PbO \cdot SiO_2$ 和 $PbO \cdot Fe_2O_3$，它们可作为粉料的黏合剂。

（2）$PbCO_3$。因 $PbCO_3$ 在高温下易分解成 PbO，所以生成的 PbO 也形成了 $PbO \cdot SiO_2$（Fe_2O_3）。

（3）Fe 的硫化物。

$$FeS_2(Fe_nS_{n+1}) = FeS + S_2 \qquad (t > 300℃)$$

$$FeS + O_2 = FeO(Fe_2O_3、Fe_3O_4) + SO_2 \qquad (t = 700 \sim 800℃)$$

因此，最终产物主要是 Fe_2O_3、Fe_3O_4 以及各种硅酸盐和铁酸盐。

（4）铜的硫化物。铜的硫化物有 $CuFeS_2$、Cu_2S 和 CuS 等，最终产品是游离和结合态的 Cu_2O。

（5）ZnS。因 ZnS 结构致密，难焙烧，只有当 $t > 850℃$ 时才能生成 ZnO，故最终产品是 ZnO 以及硅酸锌和铁酸锌。

（6）砷与锑的硫化物。铅精矿中，砷以 FeAsS 和 As_2S_3 的形式存在，烧结焙烧过程中：

$$FeAsS = As + FeS（中性气氛）$$

$$4As + 3O_2 = 2As_2O_3 \uparrow$$

$$As_2O_3(FeAsS) + O_2 \longrightarrow As_2O_3 \uparrow + (Fe_2O_3) + SO_2（氧化气氛）$$

锑的行为与砷相似，但挥发能力比砷小。

（7）CdS。CdS 在高温氧化气氛中，最终产品是挥发入烟尘的 CdO。

（8）金、银。金以自然状态存在，焙烧后不起任何变化。银以 Ag_2S 形式存在，焙烧后生成银和 Ag_2SO_4（稳定）。

（9）脉石成分。

石英：能以 CaO、FeO、PbO 结合生成硅酸盐，因其熔点在 $800 \sim 1000℃$ 之间，可做炉料黏合剂，SiO_2 还能起到脱硫、砷、锑的作用；

$CaCO_3$：因在高温下分解成 CaO 是吸热反应，所以是过程的调热剂，可防止炉料过早烧结；

$MgCO_3$：高温下分解成 MgO；

Al_2O_3：无变化。

2.3　工　艺　流　程

硫化铅精矿及铅锌混合精矿的烧结工艺流程，随原料性质的不同和烧结块质量的不同，有所差异。图 2-3 所示为铅精矿与铅锌混合精矿烧结的一般工艺流程。图 2-4 所示为铅精矿与铅锌混合精矿烧结工艺流程实例。

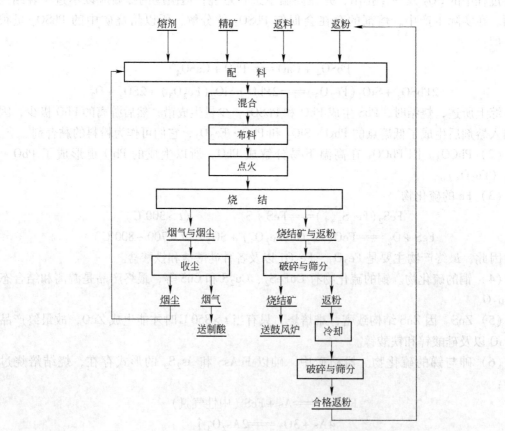

图 2-3　铅精矿与铅锌混合精矿烧结一般工艺流程

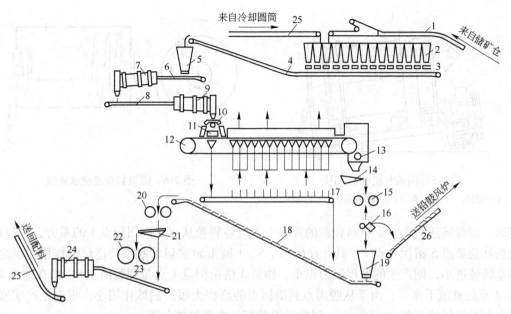

图 2-4 铅精矿与铅锌混合精矿烧结工艺流程实例

1—移动式皮带运输机；2—配料仓；3—圆盘给料机；4，6，8，17，23，25—皮带运输机；5，19—中间仓；
7—混合圆筒；9—制粒圆筒；10—分料皮带运输机；11—点火炉；12—鼓风烧结机；13—单轴破碎机；
14—振动给料机；15—齿辊破碎机；16—ROSS 辊筛；18—返粉链板运输机；20—波纹辊破碎机；21—振动筛；
22—光辊破碎机；24—冷却圆筒；26—烧结块链板运输机

2.4　主要设备

2.4.1　制粒设备

为保证配料后的炉料在烧结前达到最佳湿度，并使其化学成分、粒度和水分均匀一致，需对炉料进行良好的混合与润湿。炉料的混合一般采用二次或三次混合，并且混合与润湿同时进行。最后一次混合，即将炉料制粒，制粒的目的是防止各组分因密度和粒度的不同而发生偏析现象，并使炉料各组分分配均匀，改善炉料的透气性。生产上广泛采用的混合设备为鼠笼混合机和圆盘混合机，也采用反螺旋的圆筒混合机。

混合料的制粒，常采用圆筒制粒机和圆盘制粒机。

圆筒制粒机是一个直径为 1.2 ~ 2.8m，长为 2 ~ 12m 的钢板圆筒，有的内衬耐磨橡胶，有的则在筒内纵向装有等距离的角钢或直径为 20 ~ 30mm 的圆钢。筒内设有与纵向平行的多孔管状喷雾器，以供炉料的最后一次润湿。图 2-5 和图 2-6 所示为圆筒制粒机示意图及圆筒制粒成球示意图。

圆盘制粒机制粒效率高，团粒粒级易于调节。某厂使用的圆盘制粒机是由机座和载于机座上的倾斜圆盘构成的，如图 2-7 所示。盘上设有喷水装置和刮料板，当圆盘不断转动时，物料颗粒依靠摩擦力的作用，经 2、3、4 圆形轨迹带到 5 的位置，然后受重力作用（颗粒本身有重量）离开圆形轨迹 5，而成抛物线从 5 转滚回至 1。故脱离点 5 到滚回点 1 的运动路线越长，成球直径愈大。所以大圆盘制粒效果较小圆盘好。当圆盘倾角和直径一

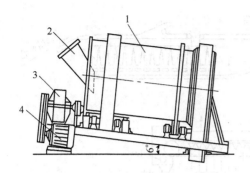

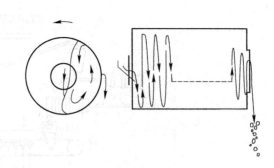

图 2-5　圆筒制粒机示意图　　　　　　图 2-6　圆筒制粒成球示意图

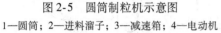

1—圆筒；2—进料溜子；3—减速箱；4—电动机

定时，圆盘转速过大，则物料颗粒的离心力大过各料粒从点 5 滚回到点 1 的重力，料粒就无法从脱离点 5 滚回到点 1，而沿着 6、7、8、1 圆形轨迹运动起不到造球的作用。反之，圆盘转速过小，则产生的摩擦阻力也小，物料无法由圆盘 1 点带到脱离点 5，而在前面 2、3、4 点处就滚下来了，由于从脱离点到滚回点的路程太短，制球作用小。根据生产实践，圆盘制粒机转速采用 10.7r/min，制粒效果较好。主要性能如下：

制粒机圆盘直径：3.5m；

制粒机转速：10.0r/min，10.3r/min，10.7r/min，11.1r/min，11.5r/min；

制粒机倾角：45°；

生产能力：30~35t/h；

电动机：1460r/min，28kW；

总速比：136.08；

其中：减速机 $i = 31.5$；

伞齿轮 $i = 4.32$；

皮带轮 $i = 1$。

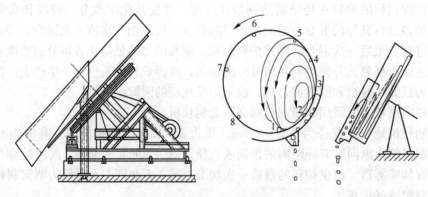

图 2-7　圆盘制粒机及成球示意图

2.4.2　带式烧结机

烧结焙烧的主要设备是带式烧结机。带式烧结机又称直线型烧结机，由许多紧密挤在一起的小车组成。小车用钢铸成，底部有炉箅，短边设有挡板（即为车帮），挡板的高矮确定料层的厚薄，而长边则彼此紧密相连。因此，由于小车的有效宽度，便形成一个有炉算的大而长的浅槽，它类似于一条作环形运动的运输带。现在使用的小车宽度波动范围较大，有1.0m、1.5m、2.0m、2.5m、3.0m的不等。烧结机的有效长度，即所有风箱上面小车短边（即小车宽度）的总和，有8m、12m、14m、15m、25m、50m。

机架的首端设有一对大齿轮（又称扣链轮），尾端则为一半圆形的固定钢轨或星轮。大齿轮由电动机通过减速装置而转动，其齿间距离与小车轮间距吻合，故当大齿轮旋转时，恰好扣住沿下轨道移动来的小车，并将它提升到上轨道，同时使前面的所有小车紧密地连接在一起，如图2-8所示。

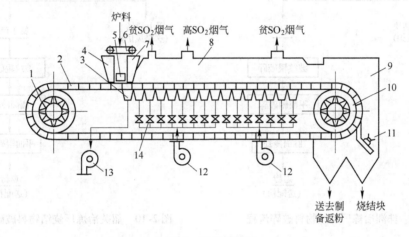

图2-8 带式烧结机

1—头部星轮；2—烧结台车；3—风箱；4—点火层加料斗；5—点火炉；6—梭式布料机；7—主料层加料斗；
8—烟罩；9—尾部烟罩；10—尾部星轮；11—单轴破碎机；12—鼓风机；13—抽风机；14—阀门

小车沿上轨道运行到风箱时，底部两侧的钢制滑板就与风箱边缘的钢制滑板紧密接触而构成密封，其密封的类型有：水封板密封、滑动密封、浮板密封、油封或气封、弹簧板密封等。这几种烧结小车与风箱之间的主要密封装置，均要定期用油注入上下滑板之间的油槽中，以加强密封效果和减少摩擦阻力。

从烧结机上倾倒下来的炽热烧结块块度大、温度高，不易运输和储存，也不能直接加入鼓风炉中，否则对还原不利，还会使鼓风炉熔炼造成"热顶"而恶化炉况，因此需对热烧结块进行适当的破碎和冷却。我国目前的破碎方法，通常是在烧结机尾部下方配置一台单轴破碎机（俗称狼牙棒），借助从小车翻倒下来的烧结块碰撞到它上面而达到破碎的目的。在破碎机下方2m左右配置倾斜角为350°左右的钢条筛，筛条距离约为50~60mm。筛上产品进烧结块料仓，运往鼓风炉熔炼，筛下产品送到冷却圆筒，经喷水冷却后，送破碎机进行多级破碎，筛分成合格返粉，再送回配料。

图2-9和图2-10所示分别为株洲冶炼厂和韶关冶炼厂的烧结物料破碎流程。表2-2为铅烧结焙烧的主要技术经济指标。

2.4.3 布料设备

经过混合制粒后的炉料，均匀地铺在小车底部的炉算上，其布料设备采用较多的有：

（1）摇摆布料机。如图2-11所示，它是由偏心轮、连杆所带动的摇摆式的给料机，其缺点是不能保证将炉料充分均匀地分布在小车上。

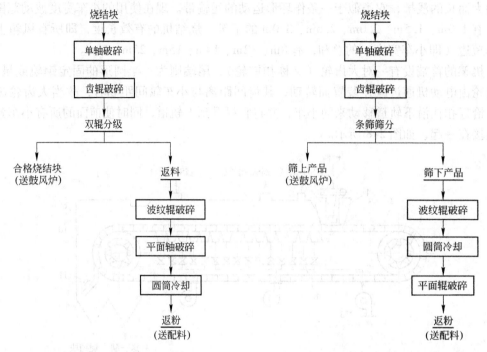

图 2-9 株洲冶炼厂烧结物料破碎流程 图 2-10 韶关冶炼厂烧结物料破碎流程

表 2-2 铅烧结焙烧的主要技术经济指标

项　目	计　算　方　法	一般指标
鼓（吸）风强度 /m³·(m²·min)⁻¹	$鼓（吸）风强度 = \dfrac{鼓风（吸风）量}{烧结有效面积}$	鼓风烧结 15~30 （吸风烧结 60~80）
漏风率/%	$漏风率 = \dfrac{漏入风量}{漏风前风量} \times 100\%$	鼓风烧结 10~90 （吸风烧结 50~100）
垂直烧结速度 /mm·min⁻¹	$垂直烧结速度 = \dfrac{料层厚度}{烧穿时间}$	铅烧结 10~15 铅锌烧结 12~20
床能率 /t·(m²·d)⁻¹	$烧结机床能率 = \dfrac{总处理物料量}{有效面积 \times 作业日数}$	铅烧结 25~30 铅锌烧结 21~27
烧结机利用系数 /t·(m²·d)⁻¹	$烧结机利用系数 = \dfrac{烧结块产量}{有效床面积 \times 作业日数}$	铅烧结 6~10
脱硫强度 /t·(m²·d)⁻¹	$脱硫强度 = \dfrac{脱除硫量}{有效床面积 \times 作业日数}$	铅烧结 0.8~2.1 铅锌烧结 1.3~2.1
脱硫率/%	$脱硫率 = \dfrac{脱除硫量}{装入物料含硫量} \times 100\%$	铅烧结 70~90 铅锌烧结 80~92
成品块率/%	$成品块率 = \dfrac{合格烧结块量}{烧结矿量} \times 100\%$	铅烧结 25~35 铅锌烧结 20~30
金属回收率/%	$铅（锌）烧结回收率 = \dfrac{烧结块含铅（锌）量}{原料含铅（锌）量 - 返回品含铅（锌）量} \times 100\%$	铅烧结 98.5~99.3 铅锌烧结 96.5~98
作业率/%	$烧结作业率 = \dfrac{烧结机开车时数}{日工作小时数} \times 100\%$	铅烧结 85~95 铅锌烧结 85~95

（2）梭式布料机。如图 2-12 所示，一般是在一部作往复运动的台车上安设一根运输皮带。已混合好的炉料先落在运输皮带上，然后借台车的往复运动，将炉料均匀地分布在小车上，这种方法布料较前者均匀。

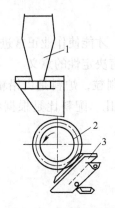

图 2-11 摇摆布料机
1—摇摆给料机；2—旋转圆筒；3—刮料板

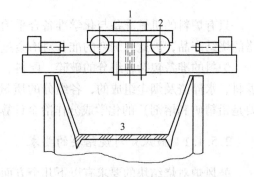

图 2-12 梭式布料机
1—运输皮带；2—台车；3—烧结小车

烧结料层的厚薄，可通过点火炉前面的刮料板上下移动来调节。为了弥补刮料板将小车炉算上的混合料压紧的缺陷，有的把平口刮板改成耙齿形刮板，用来耙松炉料以便改善透气性。炉料采用悬吊在烧结机上方靠近头部的点火炉进行点火，点火炉的外壳用钢板制成，内衬耐火砖，燃料可用焦炭、重油和煤气。由于煤气点火炉具有所占面积小、产生的火焰均匀、点火温度容易控制等优点，故在有煤气供应的情况下，多采用煤气点火。

点火温度的高低应根据：

（1）对于含铅和二氧化硅较高的易熔炉料，点火温度应低；含钙高而含铅低的炉料，则要求点火温度提高；

（2）炉料粒度小，着火容易，点火温度应低；粒度大，温度相应地要提高；

（3）炉料水分多，点火温度要高，否则不易点火；

（4）小车速度快，点火时间短，应提高点火温度。

实践要求，点火时间不少于 18s，点火温度为 900 ~ 1000℃。

点燃火的炉料小车，不断地通过风箱向前移动，而整个风箱又分成若干个小室，与风机连接的总管串通。由高速空气流带入的氧同炉料中的各种金属硫化物进行强烈的反应，并伴随产生熔化、造渣、黏结和冷却等，使炉料氧化并结块，同时产生大量的含有二氧化硫并占炉料质量 0.8% ~ 1.5% 的烟尘炉气，经单管或多管旋涡除去粗尘后送往收尘及制酸系统。小车连续往前移动，然后到达烧结机的尾部卸料端。卸料端的下面，用条钢或钢轨制成间距为 40 ~ 60mm、倾斜角为 35° ~ 45° 的条筛，条筛上部安装一台单轴破碎机，其上方设有与收尘装置相连的烟罩，以减少烧结物往下翻落破碎时产生的烟尘飞扬导致的损失，同时改善现场劳动条件。

载有烧结物料的小车，借烧结机尾部半圆形固定支架或星轮，依次往下翻落，而自动将烧结物料倾出，空载小车则沿风箱下部的倾斜轨道重返烧结机头部大齿轮处，如此周而复始。

2.5　烧结机的操作

2.5.1　炉料的准备

只有炉料的机械准备与化学准备合乎冶金工程的要求，才能使作业正常进行并获得合格的烧结产品，因此，炉料的准备对冶金过程正常进行具有决定性的意义。

炉料的准备包括各组分的破碎、配料、润湿、混合、制粒，炉料是由铅精矿、熔剂、返料、水淬渣及烟尘组成的，各组分的质量之比称为配料比。配料比是根据各组分（主要是铅精矿和熔剂）的化学成分作冶金计算来确定的。

2.5.1.1　鼓风炉对烧结块的要求

鼓风炉对烧结块的要求有以下几个方面：

（1）化学成分，特别是造渣成分须适宜；

（2）机械强度、气孔度、还原性高；

（3）热强度高。

只有满足了上述 3 个条件，才能使熔炼正常进行。

2.5.1.2　配料时对化学成分的要求

配料时对化学成分的要求有以下几个方面：

（1）对硫含量的要求。硫含量的确定直接影响到热平衡与残硫量。含硫高，则物料层温度上升，使物料过早烧结，脱硫效果变坏；含硫低，则烧结过程热量不足，应补充焦炭作热源。对一次烧结而言，含硫应控制在 5% ~7%。对二次烧结而言，预焙烧时应控制含硫在 10% ~13%，最终焙烧时控制含硫在 5% ~9%。

（2）对铅量的要求。铅含量的高低会影响烧结块的质量，同时影响熔炼时铅的产出量及回收率。含铅过高（大于 50%），则易引起过早烧结，影响脱硫，熔炼时冶金反应不彻底，渣含铅高；含铅过低，则料结块不好，同时设备生产率低，熔炼时渣量大，使铅损失增加。铅量一般控制在 40% ~45%，具体为：吸风烧结时，含铅量为 38% ~45%；鼓风烧结时，含铅量小于 55%，含铅太高时，可加入水淬渣调整。

（3）对熔剂量的要求。根据所选渣型，在熔炼时，目的是能尽量除去杂质和脉石，并要求熔剂的有效成分越高越好，且熔剂用量越少越好。渣型选择时应特别注意 ZnO 的含量，要求渣中含 ZnO 量应低于 20%。通常，是将熔剂在烧结时全部加入炉料中，若熔炼时才加入，则由于熔剂与烧结块中造渣成分接触不好会使造渣过程进行缓慢。

2.5.1.3　配料时对炉料物理性能的要求

配料时，要求炉料性质均匀，同时炉料要有良好的透气性，这样脱硫才迅速。影响炉料透气性的因素主要有：

（1）炉料湿度。当湿度为最大毛细水含量时最好，此时最能结团、炉料容积最大而比重最小，透气性最佳。一般炉料的湿度为 5% ~7%，若湿度小于 5%，则烧结速度下降，烧结块不结实。若湿度大于7%，则炉料会成为泥浆，透气性为零。

（2）炉料粒度。炉料粒度太小则透气性不好，太大则物料间接触不好，容易偏集而影响烧结效果。

（3）炉料的混合。炉料混合时应保证炉料的化学成分、粒度、水分的均匀一致，一般采用三段或四段混合，并与润湿同时进行。

2.5.1.4 配料方法

炼铅厂的配料特点是配料时有大量烧结返粉，返粉与精矿粒度差别较大。因此，在我国，多采用仓式配料。若采用堆式配料，则不能使返粉配比保持均匀。还要指出的是，在处理氧化矿，采用堆式配料时，焦粉也需由配料仓配料。由于铅烧结的烧结质量与混合料的粒级配比密切相关，故要求瞬时配比波动不宜过大。

A 仓式配料

a 仓式配料操作

仓式配料按图2-13所示流程进行，即将各种物料分别装入配料仓中，通过给料、称量设备，接一定的比例配合在一起。因此，仓式配料的准确度取决于物料是否顺利地配入了料仓及顺利排出，同时应控制配料量的精确度。

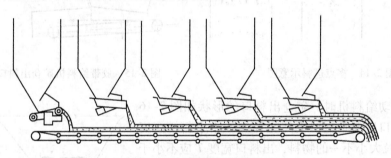

图2-13　仓式配料示意图

根据给料机和计量器工作的连续性或间断性，配料分为连续配料及间断配料。

连续配料是使物料按给料先后次序分层铺在配料胶带上，利用这一特点，可将不宜与胶带直接接触的物料（如高温、易黏结等）的给料次序安排在后面，使其铺在其他料层之上。连续配料的工作条件稳定，生产率高。

间断配料是将各种物料间断、交替地铺在配料胶带上。这种配料方法可以选用各种可靠的计量设备，保证配料的准确度。

b 仓式配料设备

（1）配料仓。配料仓的设计，除应满足一定储量要求外，其结构设计还应保证物料顺利下落。

1）容量。对于黏结性强的物料，配料仓容量不宜过大，以防止黏结后不易下落。矿仓容量不能满足必要的储量时，可采用几个矿仓。如矿仓上口截面过大时，为提高矿仓的有效利用率，应采用多点进料，如图2-14所示。

2）仓口设计。对黏性大的物料，使用抓斗起重机上矿时，由于物料落下的冲击力，仓内的物料易被压实,不利下料,因此,仓口需要安装固定格筛,以减轻物料对矿仓的冲击力。为防止物料在格筛上堆积,有的工厂使用格筛振动器,振动器电动机与抓斗小车联锁,当抓斗行至矿仓上口时,振动器即启动,改进了下料性能。一般的格筛由扁钢制成,格孔为150~200mm,呈方形。

3)仓体。一般来说,圆锥体矿仓有利于排料,但选择仓体形状时应满足给料机对矿仓出口形状的要求。采用振动给料机、胶带给料机或螺旋给料机等设备的配料仓,多用方锥体矿仓。采用圆盘给料机时可用圆锥体或由方变圆的锥体矿仓。

采用胶带给料机时,矿仓出料口宜向加料方向扩散,两边的扩散角一般各为3°左右,如图2-15所示,同时使给料机下斜2°,以减少启动的转动力矩。

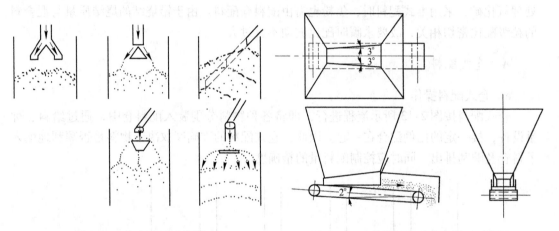

图2-14　多点进料示意图　　　　图2-15　胶带给料机矿仓出料口示意图

采用振动给料机时,矿仓出料口的形状如图2-16所示。出料口后部垂直挡板高度 C 应不小于料槽深度 H;对于颗粒大小不一的物料,出料口宽度 T 应不小于物料最大颗粒直径的2.5倍,一般物料颗粒大小相近时,可取5倍; H 应不小于物料最大颗粒直径的两倍,其近似高度可根据料层厚度 d 确定,一般为1.5d。

料层厚度 d 可按式(2-6)计算:

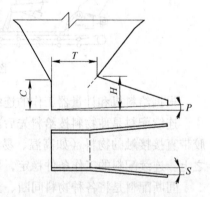

$$d = \frac{\text{给料机能力}(m^3/min)}{\text{料宽}(m) \times \text{料流速率}(m/min)} \quad (2-6)$$

料流速率的变化范围为6~18m/min,料流宽度一般为料层厚度的1.5倍,通常 $T = 2H$ 。排矿口围板斜

图2-16　振动给料机矿仓出料口示意图

角 P 约为5°,其扩大角 S 约为7°。

对较难下料的料种,一般采用钢板矿仓,个别工厂的矿仓内衬也采用塑料板下料。安装仓壁振动器的矿仓,为取得更好的下料效果,矿仓下部用钢板单独制作,悬挂在固定仓下面,固定部分与活动部分留有振动间隙。

仓壁倾角一般为60°~75°,对于精矿等较难下料的料种,多采用75°。

(2)仓壁振动器。为使物料顺利下料,配料仓外壁常装设仓壁振动器。振动器有电磁振动器和偏心轮振动器两种。偏心轮振动器又分为电力驱动及压缩空气驱动两种。

电磁振动器由于没有旋转部件，使用寿命较长，但产生的振动力仅限于垂直仓壁表面，而偏心轮振动器则有轻微摇动作用。

安装振动器时，一般每个矿仓装一个。较大的矿仓需要采用一个以上时，应将振动器分别安装在不同侧的仓壁上，并采取不同安装高度。采用一台振动器的安装位置如图2-17所示。

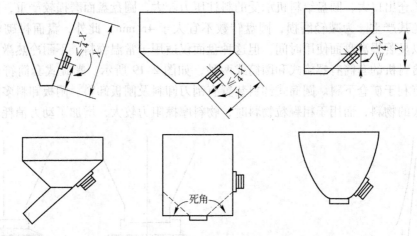

图2-17 振动器安装位置示意图（X表示料仓的锥体高度）

仓壁振动器也称仓壁振打器，安装位置一般不超过料仓锥体高度的1/4。如安装两台以上，可在对称面的不同高度安装。对于木质或混凝土料仓，可在仓壁装振动板以传递振动力。

（3）给料设备。用于配料的给料设备，应根据物料特性（粒度、温度、湿度、黏结性等）选用，不应强求各料种给料设备的统一，而应强调给料的均匀性及可调性。各种给料机对物料粒度的适应性见表2-3。

表2-3 各种给料机对物料粒度的适应性

给料机型式	最大物料尺寸/mm					
	> 300	< 200	< 50	< 12	< 0.15	< 0.074
板式给料机	1	1	2	3	—	—
胶带给料机	—	3	2	1	1	2
回转犁式给料机	—	3	1	1	—	—
圆盘给料机	—	—	—	2	1	2
螺旋给料机	—	—	3	2	1	1
机械振动给料机	1	1	2	3	—	—
电磁振动给料机	1	1	1	1	3	3

注：适应程度分1~3级，1级为最好。

有色冶炼厂配料用的给料机通常有圆盘给料机、振动给料机、胶带给料机和螺旋给料机。各种给料机的能量消耗比较如图 2-18 所示。

1）圆盘给料机。

圆盘给料机常用于精矿或粉状、粒状物料的给料。由于圆盘给料机能够承受较大的料柱压力，允许采用较大的矿仓出口，有利于矿仓下料，当圆盘给料机内装有螺旋时，还可用于黏性物料的给料。

由于矿仓出口大，圆盘给料机承受的料柱压力较大，圆盘盘面磨损较严重，用于带有棱角物料尤其严重。为减轻磨损，圆盘转数不宜大于 4r/min。此外，盘面衬砌辉绿岩铸石板，可以显著提高盘面使用时间，但这种盘面仅适用于常温物料，不耐冷热激变。

圆盘给料机的套筒有螺旋式和圆筒式两种，如图 2-19 所示。螺旋式套筒符合物料运动规律，有利于矿仓下料。圆筒式卸料装置有刮刀卸料及闸板卸料。闸板卸料多用于粉状或颗粒不大的物料，而用于粗颗粒物料时，物料摩擦阻力较大，增加了动力消耗。

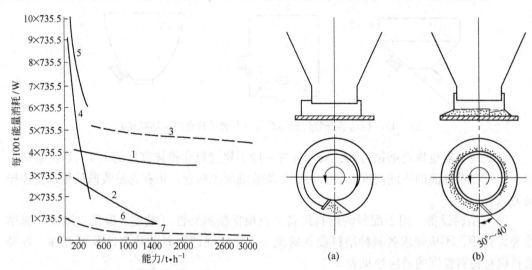

图 2-18   各种给料机的能量消耗比较
1—板式给料机；2—胶带给料机；3—回转犁式给料机；
4—圆盘给料机；5—螺旋给料机；6—机械振动给料机；
7—电磁振动给料机

图 2-19   圆盘给料机两种套筒示意图
（a）螺旋式套筒；（b）圆筒式套筒

2）振动给料机。

振动给料机适用于黏着性不大的粉状或粒状物料，如返粉、熔剂、烧渣、原煤、焦粉等。

电磁振动给料机可以通过改变外加电压来调节给料量，具有调节灵敏、操作方便、节省电能等优点。又由于给料机槽体可用钢板或合金钢板制造，旋转部件少，物料距电器部件较远，便于隔热，因此，可以用于温度较高的物料，或用于有磨损、具有腐蚀性的物料。

电磁振动给料机可根据需要呈水平或倾斜安装。向下倾斜安装时，物料滑动运动增强，给料机的能力增大，如图 2-20 所示，倾角每增加 1°，给料量约增加 3%。但安装倾角不宜过大，倾角过大会增加料槽磨损。

机械振动给料机由于振幅大、频率较低，适合于较粗的物料给料。

3）胶带给料机。

胶带给料机适用于较干的粉状物料和精矿，其结构简单、调节方便、工作可靠性大，但由于胶带材质所限，它不宜用于多棱角或温度过高的物料。

由于胶带给料机的首尾轮及传动装置需要一定空间，在配置上占据的高度较大，因此物料落差较大。

为使给料量稳定并减轻物料对胶带的磨损，胶带速度不宜过高，一般为0.2~0.3m/s。

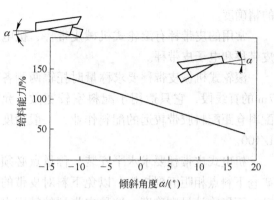

图 2-20　安装倾角与生产能力的关系

4）螺旋给料机。

螺旋给料机是一种适用于粉状物料的给料设备，矿仓下料口处物料充满螺旋，密封性好。可改变螺旋转数调节给料量，有的工厂用于离析过程中煤粉及食盐的配料。

为了适应物料的性质，螺旋给料机的螺旋型式有以下几种，如图2-21所示。

① 普通螺旋：为单线螺旋，等距地焊在轴上；

② 双线螺旋：给料量比单线螺旋更为均衡，便于准确地控制料量；

③ 带式螺旋：用于黏结性较强的物料；

④ 双线带式螺旋：给料量均衡；

⑤ 圆锥螺旋：给料量随直径的加大而增加，有利于减少矿仓下料死角；圆锥反向安装时，物料随直径减小而压缩，增加了给料的密封性；

⑥ 变距螺旋：用于阻止较长的螺旋给料机发生过载，并可使下料口埋入物料，以避免物料飞扬。

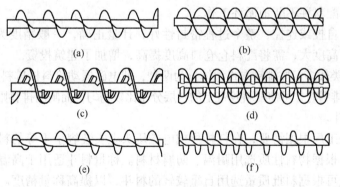

图 2-21　螺旋给料机的螺旋型式
（a）普通螺旋；（b）双线螺旋；（c）带式螺旋；（d）双线带式螺旋；（e）圆锥螺旋；（f）变距螺旋

各种型式的螺旋进料情况如图2-22所示。

（4）称量设备。

1）皮带秤。

皮带秤是配料中常用的计量设备之一，可用于连续或间断配料，根据要求实行电气联锁和自控。皮带秤所称料量的调节，应在半负荷到最大负荷范围内变化，否则会影响计量的精确度。

常用的皮带秤有滚轮式机械皮带秤、机电式皮带秤和电子皮带秤。

滚轮式机械皮带秤要求称量时托辊两侧各有7m的直线段，它只适用于配料室较宽敞，允许配料仓距配料胶带较远的配料作业，一般精度为1/100。

机电式皮带秤要求水平安装，称量点必须与矿仓下料点相距五副托辊，以免下料对皮带的振动，而影响计量准确度，这种皮带秤的精度也可达到1/100。

电子皮带秤的计量精度目前稍低于其他两种，约为1.5/100。电子皮带秤必须安装在水平段，称量点距主动轮应大于3m，距下料点相距三副托辊以上。当要求称料量允许在较大范围内变化时，可请制造厂专门配备不同计量范围的传感器、速度变速器和刻度范围不同的指示盘。

除上述三种常用的皮带秤外，有的工厂正在探索将皮带秤兼做给料设备的尝试，给料与称量设备合一，这将使配料程序简化。

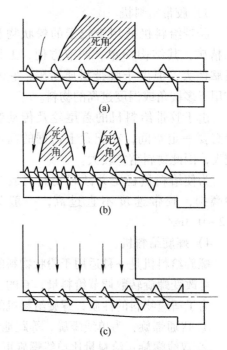

图 2-22　各种型式螺旋进料情况示意图
(a)等径、等距螺旋；(b)等径、螺距渐增螺旋；
(c)直径、螺距渐增螺旋

2）配料秤。

配料秤是由给料、称量及排料设备组合起来的机组，其称量部分是采用杠杆秤进行的间断称量，因此整套配料秤是自动间断地工作，每次加料、称量及排料为一个周期，根据给定的称量值，配料秤不断地循环工作。

配料秤可以自控或连控，整个过程密封性好，计量正确，一般精度为 1/100 ~ 1/500，但其占据空间的高度大，需将配料仓仓口高度提高，增加了建筑投资。

配料秤的种类较多，按排料方式大体分为两种，即电磁振动给料机排料和气动闸门排料。电磁振动给料机排料时，可使配料胶带上的料层分布比较均匀，而闸门排料则均匀性较差。

3）称量料斗。

称量料斗是工厂根据需要，在杠杆秤或电磁压头上安装容量不等的料斗，进行间断称量。料斗材质可根据物料性质选用耐温、防腐材料。称量料斗适用于高温或腐蚀性物料的计量。料斗质量可根据料批质量选用自重较轻的料斗，以提高称量精度。称量料斗与自动给料、排料机联锁控制，可以实现自动化。

4）配料胶带运输机。

配料胶带运输机的选择与一般胶带运输机相同，但用于配料的胶带运输机在设计中应考虑以下几点：

① 宜采用较低速度。这便于人工检验配料料量，提高准确度。采用低速运行也可减少因胶带振动而产生的灰尘和掉料，一般运输速度约为 30m/min；

② 应装设有效的胶带清扫器，以免黏结物影响配料的准确度；

③ 间断配料时，胶带宽度应按最大料盘选择。

5）配置说明及参考图。

仓式配料设置可与贮矿仓共建在一个建筑物内，也可以单独建设。

仓式配料的矿仓可按单列或双列配置，单列配料便于操作和检修，对通风、采光也较有利，如图 2-23 所示，但建设费用和占地面积较大，双列配置则相反。

综合上述两种配料方法的优缺点，出现了并排单列配置法，如图 2-24 所示。

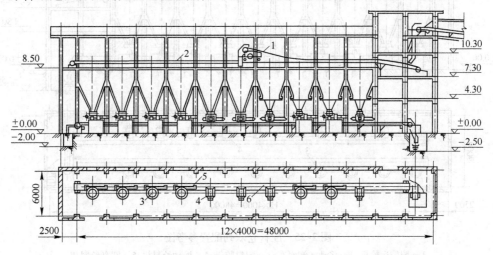

图 2-23　配料仓单列配置参考图

1—移动式卸料车；2—胶带运输机；3—圆盘给料机；4—振动给料机；5—皮带秤；6—配料胶带

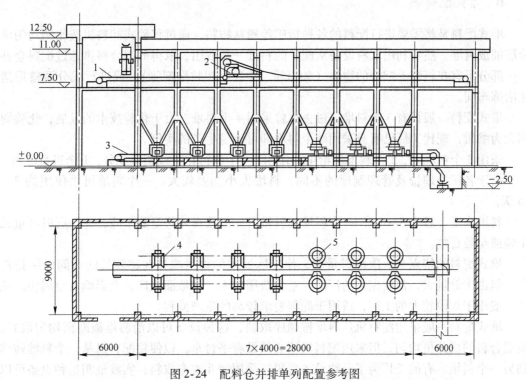

图 2-24　配料仓并排单列配置参考图

1—移动式卸料车；2—胶带运输机；3—圆盘给料机；4—振动给料机；5—配料胶带

采用胶带运输返粉时，由于密闭困难，皮带廊内劳动条件较差，配料时可在较长的返粉皮带廊头部和中部考虑设置换气平台。图 2-25 为配料仓双列配置参考图。

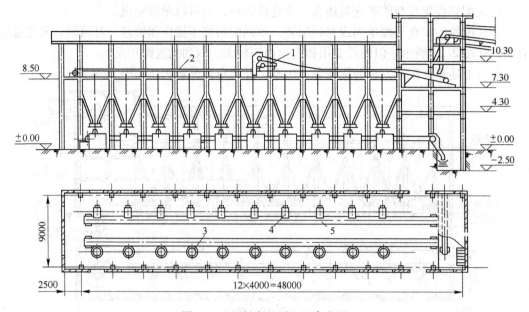

图 2-25 配料仓双列配置参考图

1—胶带运输机；2—移动式卸料车；3—配料胶带；4—振动给料机；5—圆盘给料机

B 堆式配料

堆式配料是将需要进行配料的各种精矿等粉状物料，通过移动式卸料机按比例均匀地分层铺成料堆，然后利用取料设备从配好的料堆一端取用，取得的混合料再通过配料仓补配一部分不宜在料堆上配合的物料（如返粉、焦粉、粗粒熔剂等），或进行成分调整后送往冶炼车间。

堆式配料一般设有 3 个料堆，过去也曾采用 4 个料堆。由于化验技术的发展，化验周期大为缩短，现代工厂已有只采用两个料堆即可满足生产的实例。

采用 3 个料堆时，1 个料堆供给生产使用，1 个进行化验或调整成分，1 个进行配料。

由于各厂处理量及管理制度的不同，料堆大小相差较大，一个料堆可供使用约 3 ~ 15 天。

料堆高度一般为 5 ~ 6m，一个料堆的料量可能是数百吨甚至数千吨，每一层料可重几十吨或至数百吨。

堆式配料的特点是一次配料量大，使冶炼处理的物料成分在比较长的时间内保持稳定。但由于储量大，需要庞大的厂房，基建费用较大，占地面积广，会影响资金周转。该法一般用于规模较大的工厂，或用于配料要求较高的生产流程。

堆式配料一般采用配料机从料堆按顺序取料，这种设备可以沿料堆横断面均匀取料，使混合料的成分更均匀，但采用配料机还必须设有平台车，以便将配料机从一个料堆转移到另一个料堆。有的工厂为了节约设备费用，采用铲斗汽车取料，实践证明这种设备可以满足一般冶炼工艺的要求。图 2-26 所示为堆式配料仓配置实例。

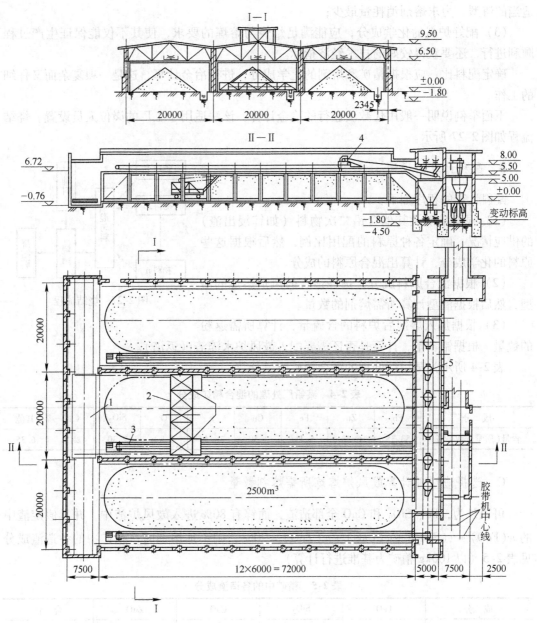

图 2-26 堆式配料仓配置实例

1—平台车；2—配料机；3—胶带运输机；4—移动给料机；5—圆盘给料机

2.5.1.5 烧结配料原则及配料计算

A 烧结配料的一般原则

（1）根据精矿的来源，确定各种精矿的配比，以保证工厂生产在一定时间内能稳定进行，不致经常变动操作制度；

（2）仔细研究精矿的成分及当地熔剂来源，综合分析本厂及外厂的技术指标，选定

适当的渣型,力求熔剂消耗量最少;

(3)配好炉料的化学成分,应能满足焙烧与熔炼的要求,使其不仅能保证生产过程顺利进行,还要获得较好的技术经济指标。

确定配料比,应根据精矿和熔剂的化学成分,进行冶金计算,这是一项复杂而又仔细的工作。

下面举例说明一般用代数法进行的冶金计算,该法适用于工厂的岗位人员设置。烧结流程如图 2-27 所示。

B　配料计算的程序

配料计算的程序如下:

(1)根据精矿及其他含铅二次物料(如锌浸出渣)的供应情况,确定各种原料的配用比例,然后根据这些原料的化学成分,计算出混合原料的成分。

(2)根据混合原料成分,选择适合鼓风炉熔炼的渣型,然后根据渣型计算所需熔剂的数量。

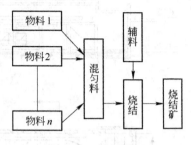

图 2-27　烧结流程

(3)根据加入熔剂后炉料的含硫量,计算所需返粉的数量。根据铅含量,计算是否还需要配入鼓风炉水淬渣(返渣)。

表 2-4 所示为某铅厂处理的混合精矿质量分数。

表 2-4　某铅厂处理的混合精矿成分

成　分	Pb	Zn	Fe	Cu	S	O	SiO$_2$	CaO	其他
含量(质量分数)/%	53.35	6.38	5.41	1.50	16.44	5.83	2.30	2.44	6.35

C　选择渣型并计算鼓风炉熔炼所需熔剂数量

可以认为,Fe、SiO$_2$ 和 CaO 全部造渣,而锌有 80% 进入鼓风炉渣中,并且假定渣中的 $w(FeO) + w(SiO_2) + w(CaO) + w(ZnO) = 90\%$,则不加熔剂时,精矿中的各造渣成分见表 2-5(以 100kg 精矿为基准进行计算)。

表 2-5　精矿中的各造渣成分

成　分	FeO	SiO$_2$	CaO	ZnO	合　计
质量/kg	7	2.36	2.44	6.35	18.09
含量(质量分数)/%	34.8	11.4	12.2	31.6	90

从表 2-5 所得熔炉渣成分来看,它与工厂生产实际采用的炉渣比较,显然是不合理的。其中 ZnO 含量太高,而 SiO$_2$ 和 CaO 含量偏低,则必须加入熔剂改变这种渣成分。应该选择含锌、铁较高的炉渣。假设选定的炉渣成分为:ZnO 15%,FeO 32%,CaO 16%,SiO$_2$ 27%。根据氧化锌量计算出炉渣的数量为:

$$\frac{6.35}{0.15} = 42.3 \text{kg}$$

于是,42.3kg 炉渣中应该含有:

$$SiO_2：42.3 \times 27\% = 11.4kg$$

$$CaO：42.3 \times 16\% = 6.8kg$$

$$FeO：42.3 \times 32\% = 13.5kg$$

根据这三种成分的需要量，减去精矿所带入的量，便是需要加入的熔剂量，即加入的熔剂应该含有：

$$SiO_2：11.4 - 2.36 = 9.04kg$$

$$CaO：6.8 - 2.44 = 4.36kg$$

$$FeO：13.5 - 7 = 6.5kg$$

设应该加入的石英砂、石灰石和铁质熔剂的质量分别为 x、y、z，已知所用熔剂的 SiO_2、CaO 和 FeO 的成分(质量分数)，所需熔剂质量及质量分数见表2-6。

表2-6 所需熔剂质量及成分

熔剂种类	假设用量/kg	SiO_2		CaO		FeO	
		质量分数/%	质量/kg	质量分数/%	质量/kg	质量分数/%	质量/kg
石英砂	x	92.56	0.9256x	0.41	0.0041x	0.41	0.0041x
石灰石	y	0.84	0.0084y	54	0.54y	2.6	0.026y
铁质熔剂（烧渣）	z	20.0	0.20z	3	0.03z	61.76	0.6176z

得到式(2-7)~式(2-9)三个方程式：

$$0.9256x + 0.0084y + 0.2z = 9.4kg \qquad (2-7)$$

$$0.0041x + 0.54y + 0.03z = 4.26kg \qquad (2-8)$$

$$0.0041x + 0.026y + 0.6176z = 6.4kg \qquad (2-9)$$

解式(2-7)~式(2-9)三个方程式得：

$$x = 7.8kg$$

$$y = 7.3kg$$

$$z = 10kg$$

D 计算烧结返粉的数量

从式(2-7)~式(2-9)的计算可知，100kg 精矿需要加入 7.8kg 石英砂、7.3kg 石灰石和 10kg 铁质熔剂(烧渣)，则不加返粉的炉料量为：

$$100 + 7.8 + 7.3 + 10 = 125.1kg$$

如果忽略烧渣带入的铅与硫量，则这种炉料中铅和硫的含量为：

$$铅：\frac{53.35}{125.1} \times 100\% = 42.7\%$$

$$硫：\frac{16.44}{125.1} \times 100\% = 13.1\%$$

一般工厂烧结炉料含硫量控制在 5%~7% 之间，显然含硫 13.1% 的炉料不符合要求，计算取炉料含硫 6%。

经过烧结焙烧以后，所得烧结块含硫量假定为 2.5%，则可根据硫平衡，计算返粉的加入量。设返粉加入量为 $x(kg)$，则有方程组：

$$125.1 \times 0.131 + 0.025x = (125.1 + x) \times 0.06$$

解方程得：

$$x = 125 \quad （返粉量）$$

即100kg上述成分的精矿，在确定上述渣型及烧结焙烧前炉料含硫和其后所得返粉的硫含量之后，需要这种残硫量的返粉为125kg。

通过计算，加入熔剂后的炉料含铅为42.7%，符合配料要求，如果含铅太高（如在50%以上），为了适应烧结焙烧与鼓风炉还原熔炼的要求，则可以加入鼓风炉水淬渣（含铅1.5%~3.0%）来稀释铅量。水淬渣的加入量可按铅的平衡进行计算。

2.5.2　点火操作

点火操作是烧结焙烧的关键操作之一。点火主要是控制好点火温度和0号风箱负压。点火温度太高，炉料表面会结壳；温度低，点火层厚度不够。

点火温度控制在900~1000℃比较适合。0号风箱负压是点火层往下燃烧的动力，一般控制在800~1000Pa。当点火料层通过点火炉以后，表面红层的厚度占整个点火料层厚度的2/3时，可认为点火效果最佳。

2.5.3　台车速度

台车的运行速度主要取决于炉料成分、炉料粒度、鼓风量、料层厚度等因素。在烧结时，车速必须与料层厚度相适应，以保证小车到达最后的鼓风箱时烧结过程已进行完毕。在生产过程中，一般很少将车速与料层厚度同时改变。实际烧结过程有两种操作法，即厚料层慢车速与薄料层快车速操作法。厚料层慢车速的目的是使点火时间延长，由于料层较厚，热利用率较好，从而可提高烧结反应带的温度，使焙烧及烧结效果好，有利于提高烟气二氧化硫的浓度。薄料层快车速是为了减少料层的阻力，使空气容易鼓入，有利于防止炉料过早结块，从而提高过程的脱硫率和改善烧结块质量。

在生产实践中，为了提高烧结机的利用率，车速应与垂直烧结速度相适应，避免烧结过早或欠烧，最简单的调节方法是根据烧穿点来调节车速。在给定的料层厚度情况下，若要保持烧结机上的烧穿点不变，即在保证完全脱硫的前提下垂直烧结速度越快，车速也越快。一般小车运行速度控制在1.2~1.5m/min。

2.5.4　垂直烧结速度

垂直烧结速度是指烧结料层厚度除以焙烧时间的商（$v_1 = h/t$）。而烧结时间又是从点火到烧穿点的有效长度除以小车运行速度之商（$t = L/v$），故垂直烧结速度（mm/min）可计算为：

$$v_1 = (hv)/(L/1000)$$

式中　v_1——垂直烧结速度，mm/min；

　　　v——小车运行速度，mm/min；

　　　h——主料层厚度，mm；

　　　L——从点火到烧穿点的有效长度，m。

生产实践中，通常是根据炉料的透气性来选择适当的料层厚度，再根据垂直烧结速度的大小来确定小车的速度。

垂直烧结速度与炉料的物理性质、化学成分、点火温度、进风量以及气体成分等因素有关，其波动范围很大。在生产实践中，垂直烧结速度一般为 10～30mm/min。反映料层垂直烧透了的位置即为烧穿点（也称烧透点），它与床层最高烧结温度相对应（一般烧穿点温度在 600～800℃，仅测出料面上空温度，并非实际的料层烧穿点温度）。烧穿点位置的确定，就以烧结床层温度最高点为依据。

2.5.5 鼓风制度

烧结过程是强氧化过程，需要大量的空气和返回烟气参与反应。生产实践中，实际空气的消耗量大于理论量，要有一定过的空气才能使料烧透。目前，每吨料标准的铅烧结的单位鼓风量（标态）约为 425m³。

最适宜的鼓风强度取决于采用哪种烧结混合料，并且要能保证炉料充分脱硫，提高烟气二氧化硫浓度和满足制酸烟气量要求。鼓风强度较小时，透过料层的空气少，烧结速度减慢，同时由于料层的温度不能达到烧结温度，脱硫率也低。但是，鼓风强度的提高受到额定的风压限制，风量大则风压增加，风压过大容易造成料层穿孔而跑空风，使烧结过程变坏。另外，风压过大，小车与风箱滑动轨道之间漏风增大；加大风量，势必造成烟气量膨胀，从而降低烟气二氧化硫浓度，不利于制酸。料层厚度为 330～360mm 时，一般控制风箱的风压为 4～5.5kPa。

2.5.6 床层温度

床层温度是指烧结机料层中的实际温度（也称料层温度）。床层温度在烧结机的不同位置及料层的不同高度均不相同。在烧结过程中，锌和铁的硫化物容易氧化，但硫化铅的氧化则需要较高的氧势，因此，控制较高的床层温度对烧结过程的脱硫和提高烧结块强度是很有必要的。

床层温度通常是难测定的，一般通过床层阻力和烟气温度来判断。床层温度高，熔融液相层厚，则床层阻力相应增加。

2.5.7 烧结机的供风排气

硫化精矿的烧结焙烧是强氧化过程，需要大量空气参与反应，所需理论空气量可通过冶金计算确定。根据气流透过料层的方式可分为吸风烧结与鼓风烧结。自 1955 年澳大利亚皮里港炼铅厂的鼓风烧结投产后，其他厂相继将原吸风烧结焙烧改为鼓风烧结焙烧，并逐步使其大型化。

在生产实践中，烧结机的鼓风压力为 3～6kPa，鼓风强度为 15～30m³/(m² · min)。

现代炼铅厂大都采用返烟烧结，即将烧结产出的低浓度 SO_2 烟气返回重用，以提高烟气中 SO_2 的浓度。

2.5.8 烧结块的冷却与破碎

从烧结机上倾倒下来的炽热烧结块不仅块度大，而且还有很高的温度。这种烧结块不但运输和储存困难，而且也不能加入到鼓风炉内，否则不利于还原，同时还会使鼓风炉熔炼造成"热顶"而恶化炉况，因此，热烧结块必须进行适当的破碎和冷却。我国目前的破碎方法，通常是在烧结机尾部下方配置一台单轴破碎机（俗称狼牙棒），借助从小车上翻倒下来的烧结块碰撞到狼牙棒上面而达到破碎的目的。在破碎机下方两米左右配置倾斜度为35°左右的钢条筛，筛条距离约为 50 ~ 60mm。筛上产品进烧结块料仓，运往鼓风炉熔炼。筛下产品送到冷却圆筒，经喷水冷却后，送破碎机进行多级破碎，筛分成合格返粉，再送回配料。

　　生产实践中，烧结块冷却最简单的方法是在烧结小车翻倒处的料仓内喷水或在特备的喷水室内冷却。目前我国较普遍地采用这种方法。喷水冷却的主要缺点是烧结块骤冷崩裂，降低了机械强度。

　　现在还有通风冷却法和烧结机本身冷却法。通风冷却法是由许多轻便的铁箱组成一个环形运输带。运输带上装有烟罩，与低压通风机相连。当装有烧结块的铁箱运至烟罩下，即被吸入的冷空气所冷却。烧结机本身冷却法是适当增加烧结机长度或适当降低烧结小车运动速度，使炉料烧结好后，继续鼓风冷却一段时间，再从烧结机尾部翻倒至料仓。同时烧结块在运输时，也是进行自然冷却的过程。

　　返粉一般占烧结炉料的 60% ~ 80%，因此返粉制备对烧结工艺具有重要意义。返粉粒度是影响炉料透气性的主要因素之一，它不仅关系到烧结过程的稳定，也直接影响烧结块质量和烟气中二氧化硫的浓度。

2.6　烧结过程及其故障判断

2.6.1　烧结过程好坏的判断

　　影响烧结过程的因素是多方面的，在生产实践中可以根据测量仪表指示、分析化验结果和观察烧结机尾卸料端的现象来判断烧结过程的好坏。

　　当烧结块成块率高、粉料少或从尾部观察到烧结块垂直断面只有 1/3 的红层时，表明小车到达最末一个风箱时烧结过程恰好结束，进程控制良好。反之，如看到烧结块红层厚，烟尘大，或烧结块冷却过快、没什么红尘，或倒出的烧结块块度小、粉料多，都说明作业不正常。

　　烧穿点也是判断烧结程度正常与否的一个标志。从安装在烟罩内的热电偶测到的温度观察，烧穿点位置稳定或波动不大，并且烧穿点温度较高，在 500℃ 以上，则表明烧结焙烧状况良好；若烧穿点温度过高或过低，烧穿点前移或后移严重，则说明烧结情况不正常。

　　风箱内的风压是判断作业是否正常、炉料制粒好坏、炉床布料是否均匀的依据。若风压高，可能是烧结混合料的细颗粒太多或混合料含水分过高或过低。在生产中，每隔 2h 取样分析一次返粉含硫量，并根据返粉含硫量指导配料。

2.6.2　故障判断与原因

　　烧结过程的故障判断与原因包括以下几个方面：

　　（1）结块好而焙烧不好时，表现为烧结块块度大，但残硫量高。造成的原因是炉料含二氧化硅和铅高，形成了大量的易熔相，结果使烧结块强度大，过早烧结而脱硫不好。

（2）焙烧好、结块差，表现为结块块度小、强度低，但残硫量不高。原因是由于炉料中二氧化硅和铅含量低，因而缺少黏结相（硅酸铅）或是点火温度太低，以致过程进行比较缓慢，氧化反应产生的温度不够，使结块不好。

（3）烧结和焙烧都不好，表现为不仅结块块度小、强度低，而且残硫量高。其原因是配料不准确，粒度过细，床层阻力大，风量控制不合理，炉料水分控制不当，水分过湿导致点不着火，料层厚度和车速配合不当。

（4）烧结机生产率低。造成的原因是配料成分控制不当；风机运转不正常；风压太低、风量不足；影响烧结焙烧过程进行的速度；漏风严重，使透过料层的空气量少；小车速度和料层厚度与焙烧速度不相适应。

（5）烧结烟气二氧化硫浓度低。原因是炉料配硫量偏低；炉料过干或过湿，或细粒物料太多；床层阻力升高；料层没铺到料，造成跑空车；烟罩控制负压过大，鼓风量太大。

（6）恶性烧结现象表现为烟气二氧化硫浓度低，烧穿点温度低，结块率低并夹有生料、块残硫及返粉含硫量高。造成的原因是由于配料事故，如主成分严重偏离控制值，点火效果不好，炉料水分过干或过湿，炉箅大面积堵塞，风量控制失调等。

2.7　铅烧结焙烧的经济技术指标

铅烧结焙烧的经济技术指标主要包括以下几项：

（1）生产率。烧结机烧结焙烧的生产率是烧结经济技术指标中最重要的指标之一。在工厂生产考核中，有多项指标都可综合衡量烧结机的生产率。烧结机的床能率是指每平方米烧结机有效面积每昼夜处理的炉料量，单位 $t/(m^2 \cdot d)$；

（2）烧结机利用系数。烧结机利用系数是指每平方米烧结机有效面积每昼夜产出的烧结块量，单位 t；

（3）脱硫强度。脱硫强度是指每平方米烧结机有效面积每昼夜的脱硫量，单位 t。

这些经济技术指标是相互关联的，凡影响生产率的因素都会造成上述指标在不同程度上的变化。如焙烧方法、焙烧设备、炉料化学成分、炉料物理性能、焙烧程度及其他技术条件。

复习思考题

2-1　硫化铅精矿烧结焙烧的目的是什么？

2-2　简述硫化铅精矿烧结焙烧的工艺流程。

2-3　硫化铅精矿烧结焙烧有哪些主要设备？

2-4　硫化铅精矿烧结配料的原则是什么？

2-5　硫化铅精矿烧结过程中有哪些主要故障，其原因分别是什么？

3 含铅原料的熔炼

3.1 铅烧结块的鼓风炉熔炼

鼓风炉还原熔炼的目的是:

(1) 最大限度地将烧结块中的铅还原出来,同时将金、银、铋等贵重金属富集其中。

(2) 将铜还原进入粗铅。若烧结块中含铜、硫都高时,则使铜呈 Cu_2S 形态进入铅锍(俗称铅冰铜)中,以便进一步回收。

(3) 如果炉料中含有镍、钴时,则使其还原进入黄渣(俗称砷冰铜)。

(4) 将烧结块中的一些易挥发有价金属化合物(如锗、镉等)富集于烟尘中,以便于进一步综合回收。

(5) 使脉石成分(SiO_2、FeO、CaO、MgO、Al_2O_3)造渣,锌等也以 ZnO 形态入渣,以便回收。

铅鼓风炉熔炼的过程主要包括:碳质燃料的燃烧过程;金属氧化物的还原过程;脉石氧化物(含 ZnO)的造渣过程;发生的造锍、造黄渣过程和上述熔体产物的沉淀分离过程。

鼓风炉炼铅的原料由炉料和焦炭组成。炉料主要为自熔性烧结块,它占炉料组成的80% ~90%,除此以外,根据鼓风炉正常作业的要求,有时还需加入少量的铁屑、返渣、黄铁矿、萤石等辅助物料。焦炭是熔炼过程的发热剂和还原剂,一般用量为炉料量的9% ~13%,即称为焦率。

3.1.1 基本原理

铅鼓风炉还原熔炼的实质就是把焦炭作为还原剂,把铅的氧化物还原为金属铅。但在鼓风炉内,沿高度分布的各段,却发生着不同的物理化学反应,具体可将其分为 5 个区域,如图 3-1 所示,各区域的反应可描述如下。

(1) 炉料预热区(100 ~400℃)。在该区内,炉料被烘干,表面附着的水被蒸发,易还原的氧化物(如游离的 PbO、Cu_2O 等)被还原。

(2) 上还原区(400 ~700℃)。在此区域内,结晶水开始脱出,碳酸盐及某些硫酸盐开始分解,还原过程进一步进行。$PbSO_4$ 被 CO 还原成 PbS,PbO 还原析出的铅液滴聚集,在向下流动的过程中,将金、银捕集,铁的高价氧化物被还原成低价氧化物。

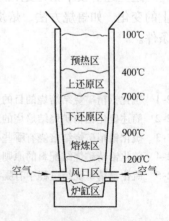

图 3-1　铅鼓风炉内炉料温度和物理化学变化

（3）下还原区（700～900℃）。在此区域内，CO 的还原作用强烈，上述两区域内开始发生的反应大多在此区域完成，$CaSO_4$、$MgSO_4$、$ZnSO_4$ 的分解和硫化物的沉淀反应、金属铜的硫化反应分别进行。此外，高价砷、锑的氧化物被还原为低价氧化物，硅酸铅呈熔融状态开始被还原。

（4）熔炼区（900～1200℃）。上述各区域内发生的反应均在此区域完成，SiO_2、FeO、CaO 造渣，并熔解了 Al_2O_3、MgO、ZnO，CaO、FeO 置换了 $PbSiO_4$ 中的 PbO，游离出来的 PbO 则被还原为金属铅。炉料完全熔融，形成的液体向下流动，经赤热的焦炭层过热，进入炉缸，而灼热的炉气上升，与下降的炉料作用，发生上述各化学反应。

（5）炉缸区。炉缸区包括风口以下至炉缸底部，其上部温度为 1200～1300℃，下部温度为 1000～1100℃，过热后的各种熔融体流入炉缸后继续完成上述未完成的化学反应，并按密度差分层。最下层为粗铅（密度约为 $11t/m^3$），上层为黄渣（密度约为 $7t/m^3$），再上层为铅锍（密度约为 $5t/m^3$），最上层为炉渣（密度约为 $3.5t/m^3$）。产出的粗铅经渣层、铅锍和黄渣层沉降，同时捕集了贵金属。分层后，铅锍、黄渣、炉渣等从炉缸的排渣口排出，至前床或沉淀锅，而粗铅经虹吸道排出铸锭或流入铅包送精炼。

从鼓风炉炉顶加入的焦炭在鼓风炉内发生如下反应：

$$C + O_2 \Longrightarrow CO_2 + 408kJ \tag{3-1}$$

$$C + CO_2 \Longrightarrow 2CO - 162kJ \tag{3-2}$$

$$2C + O_2 \Longrightarrow 2CO + 246kJ \tag{3-3}$$

鼓风炉内上下区域温度有较大差别，氧化铅在炉内的反应有下述三种情况：

（1）在小于327℃的区域内：$PbO(固) + CO \Longrightarrow Pb(固) + CO_2 + 63625J$；

（2）在 327～883℃ 之间：$PbO(固) + CO \Longrightarrow Pb(液) + CO_2 + 58183J$；

（3）在大于883℃的区域内：$PbO(液) + CO \Longrightarrow Pb(液) + CO_2 + 67895J$。

上述 3 种情况下的三个反应均为放热反应，反应的平衡常数方程式为：

$$\lg K_p = 3250/T + 0.417 \times 10^{-3}T + 0.3$$

应将烧结块中的 Fe_2O_3 还原为 FeO，而不能还原为 Fe_3O_4，因为 Fe_3O_4 会像金属铁一样地使炉缸"积铁"，导致炉子停产。同时，只有 FeO 才能形成性质良好的铁硅酸盐炉渣。

烧结块中除含有主金属铅和主要杂质金属铁的化合物之外，还含有锌、铜、砷、锑、铋、镉等的氧化物，它们在鼓风炉熔炼中的行为如下。

烧结块中的铜大部分以 Cu_2O、$Cu_2O \cdot SiO_2$ 和 Cu_2S 的形态存在。Cu_2S 在还原熔炼过程中不发生化学反应而直接进入铅锍。Cu_2O 视烧结块的焙烧程度而发生不同的化学反应。如果烧结块中残留有足够的硫，那么 Cu_2O 会与其他金属硫化物发生式(3-4)所示的反应：

$$Cu_2O + FeS \Longrightarrow Cu_2S + FeO \tag{3-4}$$

式（3-4)所示的反应即为鼓风炉熔炼的硫化（造锍）反应。

当烧结块残留的硫很少时，Cu_2O 则按下式反应：

$$Cu_2O + CO \Longrightarrow 2Cu + CO_2$$

被还原的金属铜进入粗铅中。$Cu_2O \cdot SiO_2$ 在铅鼓风炉还原气氛下，不可能被完全还原，未被还原的 $Cu_2O \cdot SiO_2$ 进入炉渣。

锌在烧结块中主要以 ZnO 及 $ZnO \cdot Fe_2O_3$ 的状态存在，只有小部分的锌呈 ZnS 和

$ZnSO_4$ 状态。在铅鼓风炉还原熔炼过程中 $ZnSO_4$ 发生如下反应：

$$2ZnSO_4 \Longrightarrow 2ZnO + 2SO_2 + O_2$$

砷在铅烧结块中以砷酸盐形式存在，在还原熔炼的温度和气氛下，砷酸盐被还原为 As_2O_3 和砷，As_2O_3 挥发到烟尘中，元素砷则一部分溶解于粗铅中，一部分与铁、镍、钴等结合为砷化物并形成黄渣。

锑的化合物在铅还原熔炼过程中的行为与砷相似。

锡主要以 SnO_2 的形式存在，SnO_2 在还原熔炼过程中按下式反应：

$$SnO_2 + 2CO \Longrightarrow Sn + 2CO_2$$

还原后的锡大部分进入粗铅，小部分进入烟尘、炉渣和铅锍中。

镉主要以 CdO 形式存在，在 600~700℃ 的温度下，CdO 被还原为金属镉。由于镉的沸点较低（776℃），易挥发，故在还原熔炼时，大部分镉进入烟尘中。

铋以 Bi_2O_3 形式存在，在鼓风炉还原熔炼时，被还原为金属铋进入粗铅中。

铅是金、银的捕收剂，鼓风炉还原熔炼时，大部分金、银进入粗铅中，只有很少一部分进入铅锍和黄渣中。

炉料中的 SiO_2、CaO、MgO 和 Al_2O_3 等脉石成分，在鼓风炉还原熔炼时不会被还原，它们全部与 FeO 一起形成炉渣。

表 3-1 是某些炼铅厂鼓风炉炼铅炉渣的化学成分。

表 3-1　炼铅炉渣化学成分　　　　　　　　　（质量分数/%）

编号	Pb	Cu	ZnO	SiO_2	CaO	FeO	Al_2O_3	备　注
1	1.8	0.5	15.8	22	16.24	31.8	—	MgO 计入 CaO 中
2	1.96	0.27	13.7	21.76	18.05	30.80	—	MgO 计入 CaO 中
3	1.5	0.5	12~15	26	17	28.6	—	—
4	2.3	—	23	21	14.7	25.6	5.7	MnO_2 4.3
5	3.5	0.25	18.7	20	9.0	28.8	—	—

3.1.2　还原熔炼的产物

铅鼓风炉还原熔炼的产物主要是粗铅和炉渣，由于原料成分和熔炼条件的不同，其产物还可能产出铅锍和黄渣。

烧结块中的各种含铅化合物和金属铅在鼓风炉内经过一系列的物理化学反应，得到粗铅，同时一些贵金属及其他金属，如铜、铋等也一起进入粗铅中。粗铅的成分因原料成分和熔炼条件的不同而变化很大，一般含铅 97%~98%，如果是大量处理铅的二次原料，则含铅会降到 92%~95%，粗铅需进行精炼，最后才能得到满足用户要求的精铅。

铅烧结块中的残硫量一般为 1.5%~3.0%，主要以 PbS、$PbSO_4$ 形式存在，此外还有少量的 Cu_2O、ZnS、$ZnSO_4$、FeS、CaS、$CaSO_4$ 等硫化物和硫酸盐。这些硫化物或硫酸盐在炼铅鼓风炉内被还原后，生成 Cu_2S、ZnS、FeS、PbS 等的金属硫化物共熔体，称为铅锍。在铅鼓风炉熔炼过程中，有时要求副产品为铅锍，其目的是为了富集烧结块中的铜，以便进一步出铜。某些铅厂的铅锍成分见表 3-2。

表3-2　炼铅鼓风炉所产铅锍成分　　　　　　　（质量分数/%）

编号	Cu	Pb	Fe	S	Zn	As	Sb
1	12.5	17.18	28.54	17.6	12.76	—	—
2	15.0	9.1	37.9	23.6	5.4	—	—
3	28.6	44.3	7.6	17.1	—	—	—
4	18~24	12~18	24~30	15~18	7~8	0.5~2.5	0.5~0.8

　　黄渣是鼓风炉炼铅在处理含砷、锑较高的原料时产出的金属砷化物与锑化物的共熔体。烧结块中的砷、锑的氧化物及其盐类，在鼓风炉还原熔炼过程中被还原为砷、锑，然后与铜、铁族元素形成许多砷化物和锑化物，这些砷化物和锑化物在高温下互相熔融，形成鼓风炉黄渣。为了提高银、铅、金的直接回收率，铅鼓风炉熔炼一般不希望产出黄渣，只有当砷、锑或镍、钴含量较高时，才考虑产出少量黄渣。表3-3是某些铅厂炼铅鼓风炉所产黄渣的成分。

表3-3　某些铅厂炼铅鼓风炉所产黄渣成分　　　　　（质量分数/%）

编号	As	Sb	Fe	Pb	Cu	S	Ni+Co	Au	Ag
1	17~18	1~2	25~35	6~15	20~34	1.3	0.5~1.0	0.012	0.2
2	23.4	6.5	17.8	11.2	24.3	3.5	11.3	0.001	0.077
3	35.00	0.6	43.3	4.6	7.8	4.4		0.0007	0.134

3.1.3　炼铅鼓风炉的类型和结构

　　经多年实践和改进，目前，炼铅厂普遍采用上宽下窄的倾斜炉腹型鼓风炉。也有许多国外炼铅厂采用双排风口椅形水套炉，也称为皮里港式鼓风炉。图3-2和图3-3所示为两种鼓风炉的示意图。

　　铅鼓风炉由炉基、炉缸、炉身、炉顶和风管、水管系统及支架等组成。

　　炉基一般用硅酸盐混凝土浇筑，高出地面2~2.5m，承受鼓风炉的全部质量，单位面积承受负荷的能力一般为50~60t/m²。炉缸砌筑在炉基上，常用厚钢板制成炉缸外壳。图3-4所示为炉缸用耐火材料砌筑结构。

　　炉身由多个水套拼装而成，水套之间用螺栓扣紧并固定于炉子的钢架上，水套内壁常用整块14~16mm的锅炉钢板压制成型并焊接而成，外壁用10~12mm的普通钢板。水套的宽度视炉子风口区尺寸及风口间距决定。图3-5所示为炉身下部风口水套示意图。

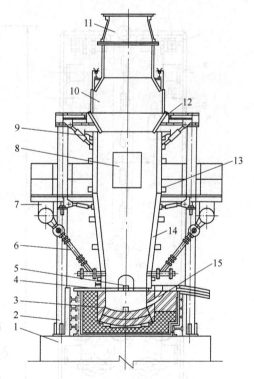

图3-2　普通炼铅鼓风炉示意图

1—炉基；2—支架；3—炉缸；4—水套压板；5—咽喉口；
6—支风管及风口；7—环形风管；8—打炉结工作门；
9—千斤顶；10—加料门；11—烟罩；12—下料板；
13—上侧水管；14—下侧水管；15—虹吸道及虹吸口

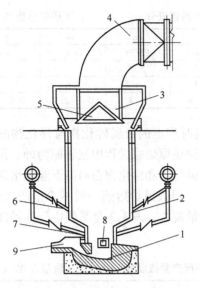

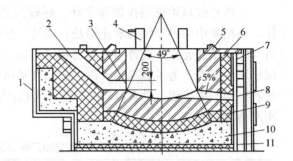

图 3-3　椅形双排风口炼铅鼓风炉示意图

1—炉缸；2—椅形水套炉身；3—炉顶；4—烟道；
5—炉顶料钟；6—上排风口；7—下排风口；
8—放渣咽喉口；9—出铅虹吸口

图 3-4　铅鼓风炉炉缸结构

1—炉缸外壳；2—虹吸道；3—虹吸口；4—U 形水箱；
5—水套压板；6—镁砖砌体；7—填料；8—安全口；
9—黏土砖砌体；10—捣固料；11—石棉板

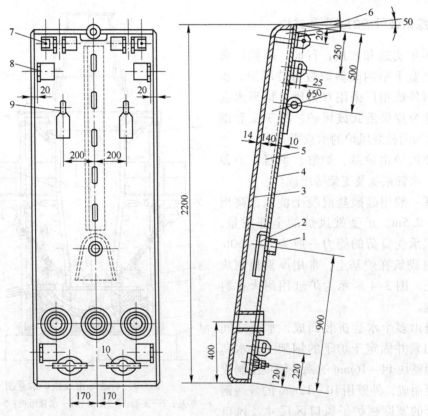

图 3-5　铅鼓风炉炉身下部风口水套示意图

1—进水管；2—挡罩；3—内壁；4—外壁；5—加强筋；6—出水管；
7—支撑螺栓座；8—连接；9—吊环；10—排污口

表3-4是炼铅鼓风炉结构参数的实例。

表3-4 炼铅鼓风炉结构参数的实例

结构参数		国内炼铅厂				国外炼铅厂			
		I	II	III	IV	I	II（2台）	III（2台）	IV（2台）
风口区	横断面积/m²	8.0	8.65	5.6	6.24	11.7	11.4（11.5）	11.2（8.05）	11.2（8.4）
	宽度/m	1.4	1.35	1.25	1.3	1.83	1.66（1.65）	1.4（1.4）	1.6（1.4）
	长度/m	6.01	6.41	4.45	4.8	6.4	6.85（6.93）	8（5.75）	7（6）
炉子总高度/m		6.95	6	7	6.95				
料柱高度/m		3.5~4	3.3~3.8	3~3.5	3	5.9			
风口设置	风口高度/m	0.45	0.29	0.4	0.45	0.58	0.505（0.505）		
	风口直径/mm	100	93	92	100	57		100（97）	100（90）
	风口个数	36	48	30	57	57	80（76）	76（56）	76（56）
	风口比/%	3.53	3.77	3.55	4.05		4.32	5.33	5.33
炉腹角		3°36′	7°30′	9°12′	0°				
炉缸深度/m		0.7	0	0.7	0.163				
炉底厚度/m		0.78	0.80	0.87	0.89				

有炉缸的鼓风炉，熔炼产物主要在炉内进行分离沉淀，但排出的熔渣还含有少量金属和铅锍颗粒，需进一步进行分离回收，而无炉缸的鼓风炉，熔体产物均在炉外进行分离。目前，大型炼铅厂均采用电热前床作为鼓风炉重要的附设分离设备，并同时作为鼓风炉与烟化炉之间的熔渣贮存器。

电热前床的结构一般是两端头为半圆形的矩形容器，外壳由普通钢板制成，两侧以立柱拉紧固定。图3-6所示为电热前床结构示意图，电热前床的主要技术性能指标见表3-5。

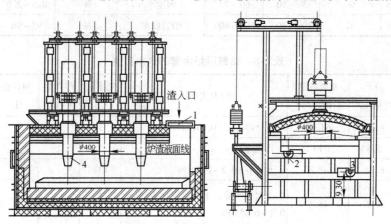

图3-6 电热前床结构示意图
1—进渣口；2—放渣口；3—放铅口；4—电极

鼓风炉料柱高度及相关技术指标见表3-6；铅鼓风炉两种不同料柱操作的生产指标比较见表3-7；铅鼓风炉水套的供水实例见表3-8；国内炼铅厂铅鼓风炉冶炼的主要经济技术指标见表3-9。

表 3-5　电热前床的主要技术性能指标

项　目		单位	床面积/m²			项　目	单位	床面积/m²		
			10	13	16.75			10	13	16.75
前床内部尺寸	长	mm	5200	5600	6200	电极中心距	mm	1200	1200	1200
	宽	mm	2000	2600	2700	电极直径	mm	400	400	500
	高	mm	1750	1960	2390	变压器功率	kV·A	750	1250	750
电极数量		根	3	3	3					

表 3-6　鼓风炉料柱高度及相关技术指标

厂　名	炉料	风口区断面积/m²	炉子有效高度/m	料柱高度/m	床能率/t·(m²·d)⁻¹	鼓风强度/m³·(m²·min)⁻¹	风压/kPa	料面温度/℃	烟尘率/%
株洲冶炼厂	铅烧结块	8.56	6.0	3.5~4.0	50.5	44.5~47.2	13.3~14	150~300	2~4
水口山三厂	铅烧结块	5.6	5.4	3~3.5	60~70	35~45	12~17	250~450	<3
鸡街冶炼厂	铅团矿	6.24	5.0	3.0	50	26	11~16	200~300	7~8
豫光金铅公司	铅烧结块	5.6	6.0	3.5~4.5	70	45~50	11~22	250~400	8

表 3-7　铅鼓风炉两种不同料柱操作的生产指标

项　目	单　位	高料柱作业	低料柱作业	项　目	单　位	高料柱作业	低料柱作业
料柱高度	m	3.6~5.5	2.5~3.5	鼓风强度	m³/(m²·min)	25~35	40~60
床能率	t/(m²·d)	50~55	60~70	鼓风压力	kPa	11~20	6.7~11
渣含铅	%	1~2	2~3.5	炉料空气消耗量	m³/t	500~900	1440
焦率	%	10~13	7.5~10	烟气中含尘量	g/m³	3~6	8~24
熔炼过程脱硫率	%	30~50	60~70	烟尘率	%	0.5~2.0	3~5
料面烟气温度	℃	100~300	300~600	铅直收率	%	93~96	85~90

表 3-8　铅鼓风炉水套的供水实例

厂　名	炉子规格/m²	水套内壁总面积/m²	冷却方式和压力	耗水量/t·h⁻¹	产汽量/t·h⁻¹	单位面积水套耗水量/L·(m²·h)⁻¹
株洲冶炼厂	8.65	68.09	汽化冷却 p=0.4MPa	3	3	44
水口山三厂	5.6	70	汽化冷却 p=0.2~0.35MPa	2	2	28.6
鸡街冶炼厂	6.24	48.8	水冷 p=0.2~0.3MPa	132		2700
江西冶炼厂	1.2	16.1	上水套水冷，下水套汽化冷却 p=0.2~0.35MPa	6~7	0.5	372~430

表 3-9　国内炼铅厂铅鼓风炉冶炼的主要经济技术指标

项　目	单　位	豫光金铅公司	株洲冶炼厂	水口山三厂	鸡街冶炼厂
风口区断面积	m²	5.6	8.65	5.6	6.24
炉料含铅量	%	43	45~49	38~42	30~33

项 目		单 位	豫光金铅公司	株洲冶炼厂	水口山三厂	鸡街冶炼厂
料柱高度		m	3.5~4.5	3~3.7	3~3.5	3.0
鼓风强度		$m^3/(m^2 \cdot min)$	40~45	44	25~35	26
炉渣成分/%	FeO	%	25~38	30~33.2	32~36	37~40
	SiO_2	%	21~30	17~19	20~24	25~27
	CaO+MgO	%	16~20	19~21	17.5~19.5	16~17
	Pb	%	≤2	3~5	2.5	1.5
	Zn	%	≤12	10~15	10~15	3.34
床能率		$t/(m^2 \cdot d)$	70	43~53	60~70	50
焦率		%	12	11~13	9.6~10	5~6
铅直收率		%	95	90~95	86~90	80~85
铅回收率		%	95	95.5~97.5	95.5~97.5	95~97
锍产出率		%	0~5		0.1~0.4	5~6.5
渣率		%	55~65	43~50		56~58
烟尘率		%	8	2~3	<3	7~8
作业时率		%	98	75~85	>98	
金回收率		%	97	99	98	
银回收率		%	95	99	96	
粗铅成分	Pb	%	97	95.7~97.0	96~98	95~96.7
	Cu	%	≤0.5	0.7~2.5	0.5~1.5	0.1~0.3

烧结焙烧-鼓风炉还原熔炼这一传统的炼铅方法，处理能力大，原料适应性强，加之长期生产积累的丰富经验和不断地技术改造，使这一传统炼铅工艺还保持着活力。但该法存在着烧结过程中脱硫不完全，产出烟气浓度低而无法制酸，冶炼流程长、含铅物料运转量大，粉尘多，大量散发铅蒸气，严重恶化了车间劳动卫生条件，对环境造成严重污染，能耗大、生产率低等缺点。

目前，对烧结焙烧-鼓风炉还原熔炼工艺的改造和完善主要包括：

（1）对烧结机结构进行改造，加大烧结机尺寸和提高密封效果。

（2）采用富氧鼓风或热风技术，降低焦炭消耗。据报道，当铅鼓风炉鼓入200~300℃的预热空气时，炉子生产能力可提高20%~30%，焦炭消耗降低15%~25%。

（3）解决烧结焙烧过程中的烟气回收问题，较为成功的有丹麦的托普索法，其主要特点是不论烟气中二氧化硫浓度高低，均可用于产出93%~95%的硫酸。

3.2 硫化铅精矿的直接熔炼法

硫化铅精矿的直接熔炼法是指硫化铅精矿不经焙烧或烧结焙烧而直接生产出金属的熔炼方法。

硫化铅精矿直接熔炼各种方法的比较见表3-10。熔池熔炼法除了表3-10中列出的底吹法和顶吹法外，正在试验中的还有瓦纽柯夫法，它是一种侧吹的熔池熔炼方法。

表 3-10 硫化铅精矿直接熔炼各种方法比较

熔炼类型	闪速熔炼	熔池熔炼			闪速/熔池
喷吹方式		底 吹		顶 吹	
炼铅方法	基夫赛特法	QSL 法	水口山法	奥斯麦特法/艾萨法	倾斜式旋转转炉（卡尔多炉）法
主要设备	精矿干燥设备；由闪速反应塔、有焦炭层的沉淀池和连通电炉三部分构成的基夫赛特炉	精矿制粒设备；设有氧化/还原两段的卧式长转炉	精矿制粒设备；只有氧化段的卧式短转炉	带有直插顶吹喷枪及调节装置的固定式坩埚炉	带有顶吹喷枪，既可沿横轴倾斜又可沿纵轴旋转的转炉
炉子数量	1 台	1 台	底吹转炉与鼓风炉各 1 台	氧化炉、还原炉（或鼓风炉）各 1 台	1 台
作业方式	连续	连续	氧化熔炼连续	氧化熔炼连续	间断
精矿入炉方式	从反应塔顶部喷干精矿	制粒湿精矿下落入炉	制粒湿精矿下落入炉	湿精矿（块矿）下落入炉	干精矿/湿精矿；喷枪喷吹下落
氧气入炉方式	通过顶部氧气-精矿喷嘴	通过设在炉底的喷枪	通过设在炉底的喷枪	顶吹浸没喷入熔池	通过水冷却喷枪
氧化过程	在反应塔内完成	在底吹转炉氧化段完成	在底吹转炉完成	在顶吹炉完成	在同一炉内分批进行
还原过程	主要在沉淀池焦滤层进行	在底吹转炉还原段完成	用鼓风炉还原	在另一座顶吹炉或鼓风炉还原	在同一炉内分批进行
使用工厂	乌-卡尔（哈萨克斯坦）；维斯姆港厂（意大利）；特累尔厂（加拿大）	斯托尔贝格厂（德）；高丽锌公司温山厂（韩）；西北铅锌厂（中）	豫光金铅公司（中）；池州冶炼厂（中）；水口山三厂（中）	诺丁汉姆厂（德）；云南驰宏锌锗股份有限公司（中）	比利顿公司隆斯卡尔厂（瑞典）

3.2.1 氧气底吹炼铅法

3.2.1.1 QSL 法

图 3-7 所示是 QSL 法炼铅示意图。图 3-8 所示为德国斯托尔贝格炼铅厂 QSL 法炼铅工艺流程。韩国高丽锌公司温山冶炼厂 QSL 法与传统炼铅法的比较见表 3-11。

QSL 法具有以下优点：备料简单，充分利用了硫化铅精矿成球性能好的特点，只需一次混合，一次成球，无需干燥即可入炉；设备简单，在一个密闭的设备中直接熔炼出粗铅，粗铅含硫低，精炼前的粗铅可以无需脱硫；布局合理，在一个反应器内创造了合理的氧位梯度和温度梯度，从而生成稳定的渣成分。QSL 法可以按冶金反应的进程在炉内控制不同氧位，为改善粗铅含硫和炉渣含铅两相主要指标创造了有利条件；适应性强，处理的物料大部分可以是湿料和球团，因无需干燥，粉尘飞扬很少，硫回收率高；原料中的硫几乎全部进入烟气，且余热利用程度高，环境卫生达到工业环保标准。

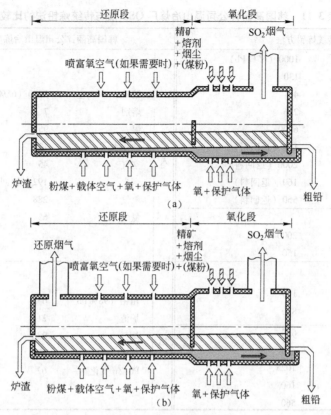

图 3-7　QSL 法炼铅示意图

(a) 氧化段与还原段烟气不分流；(b) 氧化段与还原段烟气分流

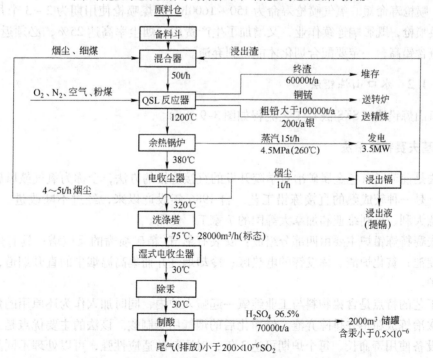

图 3-8　德国斯托尔贝格炼铅厂 QSL 法炼铅工艺流程

表 3-11   韩国高丽锌公司温山冶炼厂 QSL 法与传统炼铅法的比较

传统炼铅方法			韩国高丽锌公司温山冶炼厂 QSL 法		
烧结加入	精矿	1000 (65% Pb)	加入	精矿	1000 (65% Pb，含二次物料)
	熔剂	130		熔剂	7
	点火用油	4		煤	95
	水	256		软化水	13
	空气	6200		空气	45
	烧结烟尘	150 (返回料)		烟尘	192 (返回料)
	烧结返粉	2000 (返回料)		氧气	288
	鼓风炉烟尘	160 (返回料)		氮气	65
	鼓风炉返渣	560 (返回料)			
烧结产出	烧结块				
	返粉	2000			
	烟尘	150			
鼓风炉加入	烧结块		产出	粗铅 (98% Pb)	645
	焦炭	155		炉渣	214
	空气	880		烟气	936
鼓风炉产出	粗铅 (98% Pb)	630		烟尘	192
	炉渣	320		Pb-Zn 氧化物	62
	烟气	1025			
	烟尘	160			
	返渣	560			

　　QSL 法的缺点是氧化区和还原区相当集中，要求对过程控制精细，对过程掌握需要较长时间，喷枪寿命短。氧气喷枪寿命为 150~1600h，粉煤喷枪使用期为 2~3 个月，要求经常更换喷枪，既影响连续作业，又增加了生产费用，烟尘率高达 25%，必须返回处理；另外，渣含铅高，一定要配合烟化才能得到弃渣。

3.2.1.2　水口山炼铅法

　　水口山炼铅法（SKS 法）工艺流程如图 3-9 所示。

3.2.2　基夫赛特炼铅法

　　该法是前苏联有色金属矿冶科学院开发的直接炼铅的方法，全称为氧气鼓风旋涡电热熔炼法，是一种较成熟的直接炼铅工艺。自 1986 年投产以来，经过不断改进，前苏联、德国、意大利、玻利维亚和加拿大等国的 7 家工厂使用。

　　基夫赛特炼铅炉主要由四部分组成：安装有氧气-精矿喷嘴的反应塔；具有焦炭过滤层的沉淀池；贫化炉渣、挥发锌的电热区；冷却烟气并捕集高温烟尘的直升烟道，即立式余热锅炉。

　　该工艺的特点是含铅物料与工业纯氧一起喷入炉内，同时加入作为还原用的焦炭。在炉内一次冶炼成粗铅并排除弃渣，经净化后的烟气用于制酸。该法的主要优点是工艺流程稳定，设备使用寿命长、每个炉期可达 3 年，对原料的适应性强，可以处理不同品位的铅精矿、铅银精矿、铅锌精矿和鼓风炉难以处理的硫酸盐残渣、湿法锌厂产出的铅银渣、废

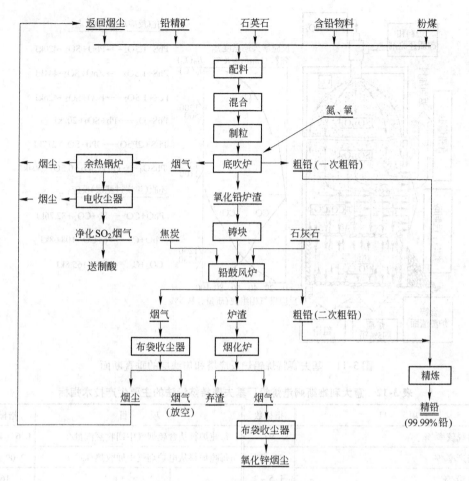

图 3-9 水口山炼铅法工艺流程

铅蓄电池糊、各种含铅烟尘，焦耗少，精矿热能利用和余热回收率较高，烟尘率低且仅为5%，金属和硫的回收率高。其缺点是对原料的要求较高，入炉物料粒度要求小于1mm，物料需干燥，电热沉淀耗电高，需要含氧浓度大于90%的工业氧，需配套建设制氧厂，一次投资较高。

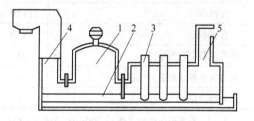

图 3-10 基夫赛特炼铅炉结构示意图
1—反应塔；2—沉淀池；3—电热区；
4—直升烟道；5—复燃室

图 3-10 所示是基夫赛特炼铅炉结构示意图，图 3-11 所示是基夫赛特炼铅炉反应塔和焦滤层的垂直断面示意图。意大利维斯姆港（Port Vesme）炼铅厂基夫赛特炼铅法的主要生产技术指标见表 3-12。

3.2.3 富氧顶吹炼铅法

富氧顶吹炼铅法主要包括艾萨法和奥斯麦特熔炼法，其核心为顶吹浸没喷枪技术，故也称浸没熔炼或沉没熔炼。

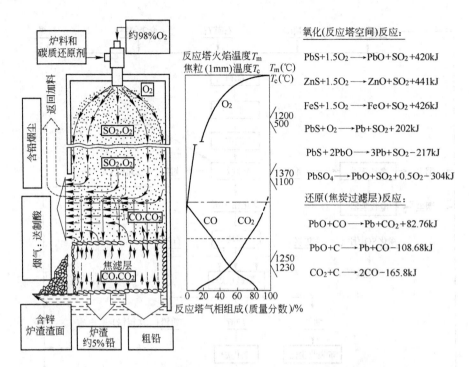

图 3-11　基夫赛特炼铅炉反应塔和焦滤层的垂直断面

氧化(反应塔空间)反应:

$$PbS+1.5O_2 \longrightarrow PbO+SO_2+420kJ$$
$$ZnS+1.5O_2 \longrightarrow ZnO+SO_2+441kJ$$
$$FeS+1.5O_2 \longrightarrow FeO+SO_2+426kJ$$
$$PbS+O_2 \longrightarrow Pb+SO_2+202kJ$$
$$PbS+2PbO \longrightarrow 3Pb+SO_2-217kJ$$
$$PbSO_4 \longrightarrow PbO+SO_2+0.5O_2-304kJ$$

还原(焦炭过滤层)反应:

$$PbO+CO \longrightarrow Pb+CO_2+82.76kJ$$
$$PbO+C \longrightarrow Pb+CO-108.68kJ$$
$$CO_2+C \longrightarrow 2CO-165.8kJ$$

表 3-12　意大利维斯姆港炼铅厂基夫赛特炼铅法的主要生产技术指标

项　目	指标数	项　目		指标数
炉料脱硫率/%	97	每吨炉料从含硫烟气中回收蒸汽量/t		0.6 (4MPa)
炉渣产率/%	24~30	每吨炉料从电炉烟气中回收热/kJ		2.09×10^5
含铅/%	1.5~2	炉料单位消耗	$O_2/m^3 \cdot t^{-1}$	165
含锌/%	7~10		焦炭/kg·t^{-1}	45 (100% C)
氧化锌产率/%	4~5		电极/kg·t^{-1}	1
含铅/%	约20		电耗/kW·h·t^{-1}	140
含锌/%	约60	空气中铅浓度/μg·m^{-3}		小于50
电收尘器出口 SO_2/%	23	废水（净化后返回水淬）/$m^3 \cdot h^{-1}$		3
出口含尘量（标态）/mg·m^{-3}	20	铅直收率/%		97.0
循环烟尘量/%	5	设备作业率/%		大于96

注: 1. 原料平均成分（%）: Pb50.0, Zn6.0, Cu0.3, Fe7.0, SiO₂7.0, 其他19.7;

　　2. 其他金属直收率（%）: Ag98.5, Cu80.0, Sb92.0;

　　3. 粗铅成分: Pb97.5%, Ag1370g/t。

3.2.3.1　艾萨-鼓风炉还原炼铅工艺

艾萨-鼓风炉还原炼铅工艺是澳大利亚芒特·艾萨公司 ISA 熔炼装备与云南冶金集团股份有限公司自主研发的富铅渣鼓风炉熔炼技术进行组合创新而形成的一种高效、节能、清洁的炼铅新工艺, 也称为富氧顶吹熔炼-鼓风炉还原炼铅工艺。2005 年 6 月, 在云南冶金集团股份有限公司下属的云南驰宏锌锗股份有限公司, 规模为每年 8 万吨粗铅的铅冶炼厂已正式投入生产应用，效果良好。随后，于2006年，与澳大利亚Xtrata公司（原Mount Isa公司），共同将该炼铅工艺推广应用到哈萨克斯坦哈氏锌业公司，并首次正式登记为I-Y铅冶炼方法（Y为云南冶金集团股份有限公司英文名称缩写YMG（现称CYM-CO）的第一个字母）。

硫化铅精矿采用ISA炉富氧顶吹氧化熔炼，在熔池内，熔体-炉料-富氧空气之间强烈搅拌和混合，大大强化了热量传递、质量传递和化学反应；物料一入炉就开始反应，相应地延长了反应时间，因此反应过程更加充分。ISA炉的喷枪直接插入熔池，使用特殊的喷枪结构，实现了枪位自动调节控制，同时喷枪容易拆卸，大大提高了更换的速度。炉体结构紧凑，整体设备简单，操作简易，生产费用低。还原熔炼以鼓风炉熔炼为基础，增加热风技术、富氧供风技术和粉煤喷吹技术，形成独特的YMG炉还原技术，处理能力大幅度提高，焦炭消耗和渣含铅降低。

富氧顶吹熔炼-鼓风炉还原炼铅工艺（I-Y铅冶炼方法）具有如下优点：

（1）处理能力大，生产效率高。ISA炉设计日处理物料440t/d，实际生产中一般处理物料量在550~650t/d以上，最高达760t/d。如果要继续提高处理能力，只需直接将富氧浓度适当提高，不需要增加大的硬件投入。

（2）原料适应性强。在一年多的生产实践中，ISA炉成批量（5000批次）处理的物料有优质铅精矿，有含铜、锌严重超标的物料，也有含铅只有25%的渣料，同时也处理过电铅铜浮渣等多种复杂物料。

（3）设备配套、灵活。ISA炉与鼓风炉（YMG炉）之间用铸渣机连接，可以连续，也可以断开，互相制约度小。

（4）环保效果较好。ISA炉的密封性好，冶炼过程中烟气泄漏点少，作业环境好，同时，产生的烟气SO_2浓度高，能完全满足制酸要求，SO_2回收利用率高。

（5）生产效率高。整个工艺采用DCS控制，自动化程度高，生产效率大。

（6）鼓风炉增加自有的专利技术后，处理能力大幅度提高，床处理能力达到75t/（$m^2 \cdot d$）。

富氧顶吹熔炼-鼓风炉还原炼铅生产工艺利用了ISA炉氧化熔炼和鼓风炉还原熔炼的优点，并考虑了湿法炼锌浸出渣的处理问题，增加了烟化炉系统，其工艺流程如图3-12所示。

艾萨炉熔炼实现了高度的自动化控制，从配料、上料、炉内气氛、温度控制、设备运行状况等的监控，都能通过分布式控制系统（DCS）完成。

熔炼的主要物料有铅精矿、石英石熔剂、烟尘返料、煤（煤是主要燃料，也可以采用油，但应从喷枪喷入炉内，兼有还原剂的作用）。物料在料仓内，由抓斗吊车混合均匀，抓到各自对应的中间料仓，通过定量皮带秤精确控制。首先将设定的加料速度和物料分析数据输入中心计算机，完成物料平衡计算，然后将各种物料量传输到对应的计量秤，控制皮带秤的运行，全部物料传送到主皮带，经过混合制粒后，送入艾萨炉熔炼。根据熔炼情况，调节风量、氧浓度、氧料比，完成各种反应，产出粗铅、富铅渣、高浓度SO_2烟气（SO_2浓度约8%~10%）。粗铅浇铸，送入精炼系统；富铅渣铸成渣块，入鼓风炉进行还原熔炼；烟气经过余热锅炉回收热能，收尘系统回收铅锌后，进入制酸系统。

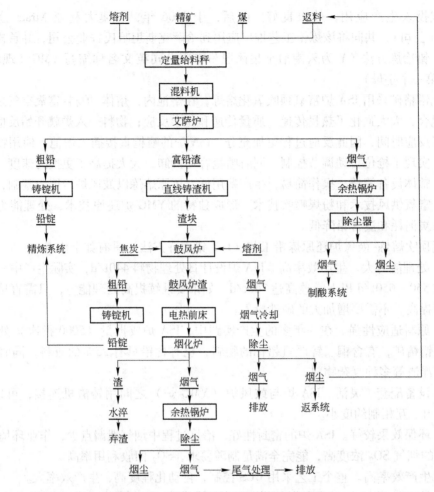

图 3-12　艾萨-鼓风炉还原炼铅工艺流程

ISA 炉熔炼时，对原料制备几乎没有什么特殊的要求，不需要严格控制，实际生产中只需用圆筒混料机在皮带输送过程中简单混合就可满足要求。ISA 炉大批量处理物料时的情况见表 3-13。

表 3-13　ISA 炉大批量处理物料的情况　　　　　　　　（质量分数/%）

物料	数量/t	Pb	Zn	Fe	SiO₂	S	CaO	MgO	Al₂O₃	Cu	Ag/g·t⁻¹
1 号	150000	>71	1.73	1.89	0.96	14.24	1.70	0.90	0.22		
2 号	8000	约65	4.35	4.45	1.82	16.07	0.74	0.49	0.11		2816
3 号	5000	约55	8.28	6.94	1.99	21.69	0.75	0.18	0.24		444
4 号	7000	约52	8.16	7.30	2.70	20.82	0.67	0.82	0.53	2.59	
5 号	长期	约45	5.03	18.9	0.62	30.24	0.96		0.15		
6 号	3000	50.3	13.3	6.44	4.34	24.59	0.41	0.1	0.47		371
浮渣	3000	80.1						Sb	0.76	10.1	875.2
铅渣	6000	23.1	9.25	6.75	10.06	10.81	3.16	0.71	2.07	0.13	

ISA 炉氧化熔炼的主要产物有：一次粗铅、富铅渣、烟尘。若烟气原料含铜高时，则同时产出少量的铅铜锍。

ISA 炉产出的一次粗铅外观质量较好，杂质少、纯度高，在生产实践中，粗铅总量的 70% 含铅超过 98%，少数（总量的 5% 以下）小于 96%。

产出的粗铅成分见表 3-14。生产中 ISA 炉产出的部分富铅渣的化学成分见表 3-15。ISA 炉产出的烟尘成分见表 3-16。

表3-14　ISA 炉产出的粗铅成分　　　　　　（质量分数/%）

元素	Pb	Cu	Sb	Bi	As	Ag
1 号	98.45	0.4	0.09	0.0060		0.439
2 号	98.3	0.39	0.027	0.0113	0.002	0.419
3 号	99.6	0.160	0.146	0.0209	0.03	0.114
4 号	98.12	0.36	0.012	0.0296		0.427
5 号	97.96	0.51	0.04	0.0266	0.04	0.534
6 号	97.5	0.42	0.07	0.0153		0.243
7 号	98.7	0.87	0.09	0.0202	0.01	0.201
8 号	98.8	0.63	0.08	0.0158		0.198

表3-15　ISA 炉产出的部分富铅渣化学成分　　　　　　（质量分数/%）

元素	Pb	Fe	SiO₂	S	Zn	CaO	MgO	Al₂O₃	SiO₂/Fe	CaO/SiO₂
1 号	48.70	16.10	13.00	0.24	7.90	3.00	1.43	1.17	0.81	0.23
2 号	44.16	14.62	13.95	0.38	7.36	3.29	1.69	1.77	0.95	0.24
3 号	48.20	9.87	13.77	0.65	5.78	3.19	1.25	1.18	1.40	0.23
4 号	50.77	6.90	7.75	0.06	3.95	3.51	1.43	1.32	1.12	0.45
5 号	49.94	8.61	6.13	0.10	5.61	2.93	1.08	0.97	0.71	0.48
6 号	44.79	16.70	16.45	0.17	8.23	3.04	1.43	1.96	0.99	0.18
7 号	30.3	17.98	14.96	0.28	24.33	4.32			0.83	0.29

表3-16　ISA 炉产出的烟尘成分　　　　　　（质量分数/%）

元　素	Pb	S	Zn
1 号	64.76	5	2.43
2 号	58.4	5.4	3.2
3 号	55.25	4.8	4.35
4 号	57.29	5.1	4.98

烟气组成与氧化熔炼的富氧浓度、物料含硫量关系密切。烟气中，SO_2 浓度大多在 8% ~13% 之间，高的时候可达 15% 左右。O_2 浓度在 6% ~9% 之间。烟气含尘量很高，达 60~70g/m³（标态），经除尘后可降到原含量的 1% 以下。烟气量为鼓入风量的 1.6 ~ 1.8 倍。

鼓风炉以富铅渣为原料，配入适当的石英石和石灰石，产出粗铅。鼓风炉炉渣含铅

3%～3.5%，先进入电热前床，后进入烟化炉。电热前床中有少量的铅再次沉淀，实际进入烟化炉的渣含铅在3%以下。鼓风炉的烟尘含铅为40%～45%，烟尘率在3%以下，可全部返回 ISA 炉熔炼系统。

部分鼓风炉烟尘的实际分析数据见表3-17，部分鼓风炉渣分析数据见表3-18。

表3-17　部分鼓风炉烟尘的实际分析数据　　　　（质量分数/%）

元　素	Pb	S	Zn
1 号	45.05	1.58	21.57
2 号	46.93	1.96	19.58
3 号	57.23	2.72	16.92
4 号	50.16	1.85	16.22

表3-18　部分鼓风炉渣分析数据　　　　（质量分数/%）

元　素	Pb	Fe	SiO_2	S	Zn	CaO	MgO	Al_2O_3
1 号	1.94	26.51	22.59	0.11	12.19	13.78	2.44	3.45
2 号	1.49	26.18	22.94	0.12	10.05	15.39	2.20	3.01
3 号	1.51	28.13	21.70	0.074	12.77	16.14	2.52	3.50
4 号	1.12	28.73	23.44	0.345	9.978	15.13	1.92	4.06
5 号	2.31	27.45	22.98	0.32	9.52	16.49	2.09	4.29
6 号	1.24	26.75	26.87	0.097	10.21	16.21	2.88	3.21
7 号	1.28	25.51	22.59	0.11	10.19	163.78	2.44	3.45
8 号	1.94	22.62	22.40	0.21	11.19	15.56	2.29	3.97
9 号	2.51	25.98	24.24	0.13	10.90	17.06	2.43	3.42
10 号	1.49	29.18	22.94	0.19	10.05	15.39	2.20	3.01

鼓风炉的烟气成分主要是 CO_2、N_2 等，SO_2 浓度很低，即便生产中喷入粉煤（即用粉煤取代部分焦炭，这是 YMG 炉的关键技术之一），烟气中的 SO_2 浓度也在 $500mg/m^3$（标态）以下，可无需处理而达标排放。

富氧顶吹熔炼-鼓风炉还原炼铅的设备主要有艾萨炉、喷枪、余热锅炉、烧嘴、喷枪卷扬、鼓风炉、电热前床等。辅助系统有供风、收尘、铸渣、铸铅、制酸等外部系统。

艾萨炉是直立的圆柱体炉，炉底是球缺形反拱底，上部呈喇叭扩大形，最外层由钢板焊接而成，炉底直接制作成倒拱球型钢壳。图3-13所示是喷枪结构示意图。图3-14所示是艾萨炉结构示意图。富氧顶吹熔炼-鼓风炉还原炼铅工艺的主要技术指标见表3-19。

3.2.3.2　奥斯麦特炼铅法

奥斯麦特炼铅法（顶吹熔池熔炼方法）是20世纪末由欧洲金属公司（德国）诺丁汉姆（Nordenham）铅锌冶炼厂成功运用的。该熔炼方法的主体设备为奥斯麦特炉，主要由炉体、喷枪、升降装置、加料装置、排渣口、出铅口、烟气出口等组成。其结构示意图如图3-15所示。

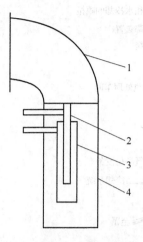

图3-13 艾萨炉喷枪结构示意图
1—软管；2—测压管；3—油管；4—风管

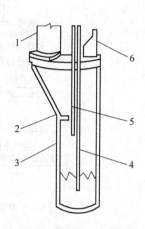

图3-14 艾萨炉结构示意图
1—垂直烟道；2—阻溅板；3—炉体；4—喷枪；
5—辅助燃烧喷嘴；6—加料箱

表3-19 富氧顶吹熔炼-鼓风炉还原炼铅工艺的主要技术指标

	项 目	单 位	参 数	项 目	单 位	参 数
ISA炉生产工艺指标	日处理物料量	t	550~650	O_2（标态）	m^3/t	80~110
	日最大处理物料量	t	760	熔池高度	m	<2.3
	混合料品位	%	55~65	富铅渣含Pb	%	40~50
	混合料水分	%	约8.5	富铅渣 SiO_2/Fe		0.8~1.0
	燃料煤率	%	<1	富铅渣 CaO/SiO_2		0.3~0.5
	石英砂	%	2~5	熔池温度	℃	920~1000
	石灰石	%	2~4	粗铅产率	%	40~60
	富氧浓度	%	≥3	烟尘率	%	13~15
	二次风量（标态）	m^3/s	≥1.0	烟气 SO_2 浓度	%	8~15
	喷枪供风压力	MPa	0.2	氧气浓度	%	90~93
	ISA炉床能力	$t/(m^2 \cdot d)$	80~90	ISA炉最大床能力	$t/(m^2 \cdot d)$	103
鼓风炉生产工艺指标	炉床能力	$t/(m^2 \cdot d)$	61.25	终渣含铅	%	1.98
	焦率	%	13.14	终渣含Fe	%	27~29
	烟尘率	%	2.47	终渣含 SiO_2	%	20~24
	渣率	%	57.60	终渣含CaO	%	14~17
	富铅渣块率	%	>73	终渣含Zn	%	<11
	富铅渣含Pb	%	35~45	炉顶温度	℃	<180

诺丁汉姆厂的奥斯麦特炼铅工艺流程如图3-16所示，目前工业上运行的奥斯麦特炉外径4.2m，高9.5m，年处理量为 12×10^4t/a 铅精矿和其他含铅二次物料。熔炼产出的一次粗铅送往精炼，产出的初渣成分为铅40%~60%，锌5%~15%，SiO_2 10%~20%，CaO 5%~10%，FeO 10%~30%。奥斯麦特炼铅工艺与传统的烧结焙烧-鼓风炉还原熔炼工艺比较，环保效益较好，其重金属和二氧化硫排放量的比较见表3-20。

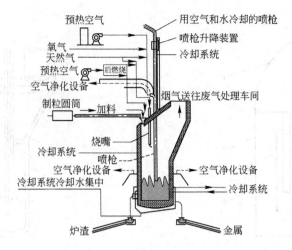

图 3-15　奥斯麦特熔炼炉示意图

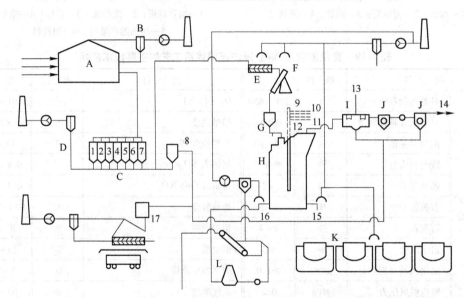

图 3-16　诺丁汉姆厂的奥斯麦特炼铅工艺流程

A—原料仓库；B，D—收尘器；C—配料设备；E—螺旋加料机；F—制粒机；G—炉料分配器；

H—奥斯麦特熔炼炉；I—热交换器；J—电收尘器；K—脱铜槽；L—炉渣水淬

1—精矿；2—废蓄电池糊；3—煤；4—火法精炼渣；5—石灰石；6—河砂；7—赤铁矿；8—烟尘；9—天然气；

10—空气；11—氧气；12—屏蔽空气；13—蒸汽；14—SO_2 烟气；15—粗铅；16—炉渣；17—氧化锌烟尘

表 3-20　重金属和二氧化硫每年排放量的比较

炼铅方法	Pb	Cd	Sb	As	Tl	Hg	SO_2
传统法排放量（1990 年）/kg	24791	572	460	219	38	17.2	7085
奥斯麦特法排放量（1997 年）/kg	1451	4.05	27.52	5.58	1.27	0.87	140.4
对比/%	-94.1	-99.3	-94	-97.5	-96.7	-94.4	-98.0

　　奥斯麦特炼铅工艺在韩国高丽锌公司获得了应用，目前该公司有 4 座奥斯麦特炉，用于处理各种铅锌废料，如氧化锌浸出渣、铅烟尘、QSL 法炼铅炉渣和废蓄电池糊等杂料。

3.2.4 倾斜式旋转转炉法

倾斜式旋转转炉（又称卡尔多炉）直接炼铅法，由瑞典比利顿金属公司于 20 世纪 80 年代开始使用。该法的炉料加料喷枪和天然气（或燃料油）- 氧气喷枪插入口都设在转炉顶部，炉体可沿纵轴旋转，因此该方法又可称为顶吹旋转转炉法（TBRC 法）。

倾斜式旋转转炉（卡尔多炉（Caldo））由圆筒形炉缸和喇叭形炉口组成，炉体外壳为钢板，内砌铬镁砖，如图 3-17 所示。其工艺流程如图 3-18 所示。

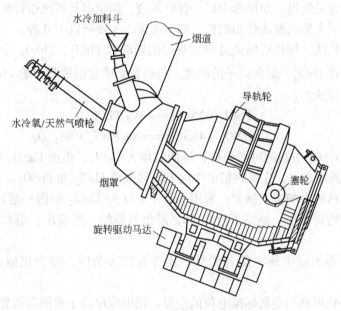

图 3-17　倾斜式旋转转炉示意图

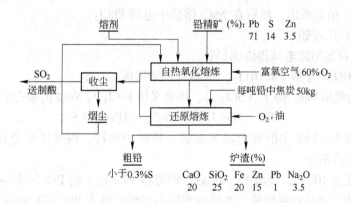

图 3-18　倾斜式旋转转炉直接炼铅工艺流程

3.3　湿法炼铅工艺

湿法炼铅方法多种多样，主要可归纳为 3 种：一是硫化铅矿直接还原成金属铅；二是硫化铅矿的非氧化浸出；三是硫化铅矿的氧化浸出。

硫化铅矿直接还原是通过电解过程实现的，硫化铅矿的非氧化浸出一般在盐酸溶液中进行，而硫化铅矿的氧化浸出可以采用电解氧化，也可以采用氧化剂氧化。氧化剂包括空气、氧气、双氧水、过氧化铅、三氯化铁、硅氟酸铁等。氧化浸出可在酸性介质中进行，也可在碱性介质中进行。酸性介质包括盐酸、高氯酸、硫酸、硝酸、醋酸和硅氟酸等，碱性介质有碳铵和氢氧化钠等。

湿法炼铅的实质是用适当的溶剂使铅精矿中的铅浸出而与脉石等分离，然后从浸出液中提取铅的方法。早期湿法炼铅的研究对象主要为难选矿物及不宜用火法处理的成分复杂的低品位铅矿和含铅物料，如浮选中矿、含铅灰渣、烟尘以及氧化铅锌矿等，近年来，对硫化铅矿也进行了大量的湿法炼铅试验，归纳起来，主要有以下几种：

(1) 氯化浸出法。氯化浸出法是利用难熔的铅酸盐 $PbCl_2$、$PbSO_4$ 等在过量的氯化物溶液中形成可溶性 $PbCl_4^{2-}$ 配合离子的原理，将铅精矿或含铅物料中的 PbS 转变为 $PbCl_4^{2-}$ 配合离子，其反应式为：

$$PbCl_2 + 2NaCl \Longrightarrow Na_2PbCl_4$$
$$PbSO_4 + 4NaCl \Longrightarrow Na_2PbCl_4 + Na_2SO_4$$

为了消除 Na_2SO_4 引起的可逆反应，可同时加入 $CaCl_2$，生成 $CaSO_4$ 沉淀，采用 NaCl 和 $CaCl_2$ 混合溶液浸出时，先要将精矿中的 PbS 转变成 $PbCl_2$ 和 $PbSO_4$。

该法可回收精矿中的银，例如：采用 3mLHCl 与 5g $CuCl_2$ 的饱和溶液 2L，浸出 18% 铅、550g/t 银的物料 300g，室温下浸出 2h，浸出渣再经一次浸出，铅和银的浸出率分别达 90%、95%。

氯化浸出所得的浸出液中除含铅外，还含有许多杂质，需净化后才能进行沉淀或电解。

浸出液的净化可利用金属标准电位的差异，把电位序高于铅的杂质置换除去，净化后的溶液提取铅可采用如下一些方法：

1) 使 $PbCl_2$ 结晶析出，然后在 NaCl 熔盐中电解 $PbCl_2$；

2) 用铁置换沉淀铅；

3) 用铅或石墨阳极电解得海绵铅；

4) 加 $Ca(OH)_2$ 生成 $Pb(OH)_2$，沉淀后还原熔炼。

氯化浸出的浸出剂除 NaCl、$CaCl_2$ 外，还可采用 $FeCl_3$ 与 NaCl 的混合液，反应如下：

$$PbS + 2FeCl_3 \Longrightarrow PbCl_2 + 2FeCl_2 + S$$

在浸出过程中，PbS 中的硫形成元素硫，精矿中的锌、铜等伴生金属一部分进入熔液，一部分留在残渣中。

当浸出温度为 100℃，浸出 15 min 后，即可将 99% 以上的 PbS 转变为 $PbCl_2$，过滤后的渣为含脉石和元素硫的浸出渣，滤液冷却后再过滤可得含 $PbCl_2$99.9% 的高纯结晶物。

(2) 碱浸出法。高浓度的碱溶液能溶解碳酸铅、硫酸铅等而生成亚铅酸盐。例如：

$$PbCO_3 + 4NaOH \Longrightarrow Na_2PbO_2 + Na_2CO_3 + 2H_2O$$

对于 PbS，则可在高压釜中，加入 CuO 添加剂进行浸出，使之生成不溶性的硫化铜渣，反应式为：

$$PbS + 4NaOH \Longrightarrow Na_2S + Na_2PbO_2 + 2H_2O$$
$$Na_2S + CuO + H_2O \Longrightarrow CuS + 2NaOH$$

试验得出，在压力为 2.53×10^6 Pa、NaOH 浓度为 350g/L、液固比为 $3 \sim 8$，PbS 粒度小于 0.076mm 的条件下，浸出 1h 便可使 PbS 完全分解。

氧化铅锌矿的浸出条件为：浸出温度 $40 \sim 80 ℃$，液固比 $3 \sim 8$，浸出时间 $1 \sim 2h$，此时，铅、锌的浸出率分别达 $80\% \sim 90\%$ 和 $83\% \sim 93\%$，而 SiO_2 只有 $3\% \sim 6\%$ 浸出。该工艺中，浸出液含碱量偏高，浸出液中铅的浓度又偏低（仅为 20g/L），因此，它不是一种很好的湿法炼铅方法。

（3）加压浸出法。加压浸出法包括加压酸浸法和加压碱浸法。在 110℃、142kPa 压力下，酸浸 $6 \sim 8h$，可使铅精矿中 95% 的铅和锌进入溶液。碱浸是将铅精矿与含有 NH_4OH 和 $(NH_4)_2SO_4$ 的水溶液制浆，矿浆浓度为 $15\% \sim 20\%$，然后在密闭的浸出槽中加热至 85℃ 左右，通氧使其分压达 42.6kPa，通入氨气使矿浆 pH 值达 10，在 2h 内可使 90% 左右的铅转变为碱式硫酸铅，然后用硫酸铵将其回收。

（4）硫酸铁浸出法。该法利用含 80.4g/L 的热硫酸铁水溶液，使 PbS 转变为 $PbSO_4$，并得到元素硫，然后用碳酸盐溶液，使硫酸铅转变为碳酸铅，再将碳酸铅溶于硅氟酸后，进行电解，即可制得含量为 99.9% 的金属铅。

（5）直接电解浸出法。硫化铅精矿的直接电解有两种方法，即将铅精矿压制成硫化铅阳极电解或硫化铅精矿悬浮电解。压制阳极电解时，制作阳极可采用直接冲压、热压成型或冷压成型等方法，成型时配入 5.5% 的石墨，在氯酸铅水溶液中隔膜电解。槽电压为 $1.29 \sim 1.79V$、电流密度为 $150A/m^2$、电解周期 150h，电流效率为 80%，铅提取率可达 $92.5\% \sim 99.6\%$。

硫化铅精矿采用矿浆悬浮直接电解时，需将矿石细磨至 $-0.25mm$，在隔膜电解槽中进行电解，产出元素硫和溶于电解液的氯化物。电解液为酸性溶液，除 HCl 外，还含有其他可溶性金属氯化物。在电解温度为 80℃，电流密度 $129A/m^2$，$2molAlCl_3$ 溶液作阴极液时，铅的电解回收率可达 97.7%，电解效率为 90%。

湿法炼铅正处在研究开发阶段，它具有许多优点，这些工艺仍处于小型试验或半工业试验阶段，尚有一些需要解决的问题，但进一步的研究仍在广泛进行之中。

复习思考题

3-1 铅鼓风炉还原熔炼的目的是什么？

3-2 描述铅鼓风炉内沿高度分布的五个区域发生的物理化学反应。

3-3 铅鼓风炉还原熔炼的产物是什么？

3-4 硫化铅精矿的直接熔炼法有哪几种？典型代表工艺有哪几种？

3-5 湿法炼铅的优点是什么？

3-6 简述湿法炼铅的主要方法。

4 粗铅精炼

4.1 概　述

由于原料不同和处理工艺各异，产出的粗铅中，都含有一定量的杂质，一般杂质含量为 2% ~ 4%，也有的低于 2% 或高于 5%，一些厂家的粗铅成分见表 4-1。

表 4-1　粗铅成分　　　　　　　　（质量分数/%）

成　分		Pb	Cu	As	Sb	Sn	Bi	Ag/g·t^{-1}	Au/g·t^{-1}
国内	I	96. 37	1. 631	0. 494	0. 35	0. 017	0. 089	1844. 4	5. 5
	II	96. 06	2. 028	0. 446	0. 66	0. 019	0. 11	1798. 6	5. 9
	III	96. 85	1. 16	0. 957	0. 47	0. 043	0. 074	1760. 1	6. 2
国外	I	96. 67	0. 94	0. 26	0. 82	—	0. 068	5600	—
	II	98. 82	0. 19	0. 006	0. 72	—	0. 005	1412	—
	III	96. 7	0. 94	0. 45	0. 85	0. 21	0. 066	—	—

粗铅精炼的目的一是除去杂质，二是回收贵金属，尤其是银。我国制定的精铅国家标准见表 4-2。

表 4-2　GB/T 469—2005 铅锭化学成分标准

牌　号	化学成分（质量分数）/%									
	Pb（不小于）	杂质（不大于）								
		Ag	Cu	Bi	As	Sb	Sn	Zn	Fe	总和
Pb99. 994	99. 994	0. 0008	0. 001	0. 004	0. 0005	0. 0008	0. 0005	0. 0004	0. 0005	0. 006
Pb99. 990	99. 990	0. 0015	0. 001	0. 010	0. 0005	0. 0008	0. 0005	0. 0004	0. 0010	0. 010
Pb99. 985	99. 985	0. 0025	0. 001	0. 015	0. 0005	0. 0008	0. 0005	0. 0004	0. 0010	0. 015
Pb99. 970	99. 970	0. 0050	0. 003	0. 030	0. 0010	0. 0010	0. 0010	0. 0005	0. 0020	0. 030
Pb99. 940	99. 940	0. 0080	0. 005	0. 060	0. 0010	0. 0010	0. 0050	0. 0004	0. 0020	0. 060

该标准与 GB/T 469—1995《铅锭》相比，主要有如下变动：（1）增加了 Pb99.994 牌号；（2）在所有牌号的杂质成分中，增加了对杂质铁的控制。5 个牌号含铁分别不大于 0.0005%、0.0010%、0.0010%、0.0020%、0.0020%；（3）根据我国矿产资源的具体情况，调整了部分杂质的含量。严格了对杂质锑、锡、锌的控制，分别由不大于 0.001%、0.001%、0.0005% 提高到不大于 0.0008%、0.0005%、0.0004%；放宽了对银、铋的控制，银由不大于 0.0005% 升高到不大于 0.0008%，铋由不大于 0.003% 升高到不大于 0.004%。

粗铅的精炼方法有火法和电解法两种。目前世界上采用火法精炼的厂家较多，约占世界精铅产量的70%，只有加拿大、秘鲁、日本和我国的一些炼铅厂采用电解法精炼。

4.2 粗铅火法精炼

粗铅火法精炼的基本原理是利用粗铅中杂质金属与主金属（铅）在高温熔体中物理性质或化学性质方面的差异，使之形成与熔融主金属不同的新相（如精炼渣），并将杂质金属富集其中，将其分离，从而达到精炼的目的。例如：

（1）铜在粗铅中的溶解度随温度降低而减小，因而可采用熔析除铜；

（2）铜对硫的亲和力大于铅，因而可加硫除铜；

（3）砷、锑、锡等杂质对氧的亲和力大于铅，因而可采用氧化（或氧化加碱）精炼和碱性精炼除砷、锑、锡；

（4）在含杂质金属的粗铅中添加第三种甚至更多种金属，使它们与杂质金属形成亲和力大于铅的金属间化合物（合金），如加锌除银、加钙镁除铋等。

粗铅火法精炼的目的视采用精炼流程的不同而异。对于电解精炼而言，确切地讲，它所采用的火法精炼只是初步火法精炼，其基本任务是将粗铅中的杂质铜、锡除至一定程度，并调整锑量，浇铸成化学质量和物理规格均满足电解要求的阳极板，而全火法精炼的目的是除去铜、锡、砷、锑、银、锌、铋等杂质，将粗铅提纯，生产出合格的精铅产品。粗铅火法精炼的主要工艺流程如图4-1所示。

火法精炼的优点是设备简单，投资少，生产周期短，占用资金少，生产成本较低，特别适宜于处理含铋较低的粗铅。缺点是：工序多，铅冶炼直收率低，劳动条件较差。

4.2.1 粗铅除铜

粗铅精炼除铜有熔析和加硫两种方法。初步脱铜用熔析法，深度脱铜用加硫法。

4.2.1.1 熔析除铜

熔析法的原理是基于在低温下铜及其砷锑化合物在铅水中的溶解度小，从Cu-Pb系状态图中可见，在铅的一侧，当铅的温度为326℃时，可得到含Cu 0.06%的共晶，这是熔析除铜的理论极限，如图4-2所示。粗铅含砷锑不高时，除铜难以达到这一理论极限程度，因熔析作业不可能在326℃下进

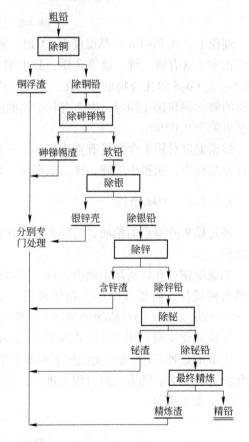

图4-1 粗铅火法精炼工艺流程

行,而是在340℃以上温度进行,而且低温时铅水的黏度大,铜渣细粒不易汇聚而上浮,致使铅水含铜较高。但是,当有砷、锑存在时,出于铜对砷锑的亲和力很大,能形成化合物、固溶体和共晶,其熔点高且密度小,混入固体渣中而上浮,使铅中含铜降至0.02% ~0.03%。

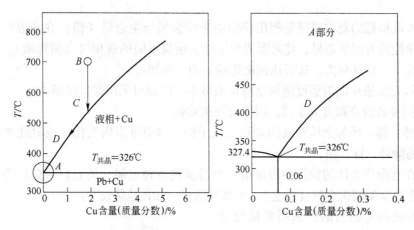

图 4-2　Cu-Pb 相图

理论上,在 Pb-Cu 共晶温度326℃时,铅含铜为0.06%,如图4-2所示。而实际上由于粗铅中还含有砷、锑、硫等杂质,其中铜大部分不是呈金属状态存在,而是以 Cu_3As、Cu_5As_2 及 Cu_2S 等化合物形态存在,因此,当粗铅中含一定的砷、锑、硫时,能形成难溶于铅的砷化铜和锑化铜等,因而有利于铜的除去。熔析除铜能使含铜量降至0.06%以下,甚至可降至0.02%。

熔析温度对铅中含铜量有重大影响,一般操作温度为550~600℃至330~350℃。熔析作业过程中,粗铅中含砷、锑、硫高时,熔析除铜的浮渣产出率明显降低。

4.2.1.2　加硫除铜

经过熔析除铜后的铅液,实际上往往含有0.1%左右的铜,为了进一步除去铜,须加硫除铜。

加硫除铜可在熔析除铜锅中进行,把经过熔析除铜后的铅液温度控制在330~350℃,借助机械搅拌,向铅液中加入粉状硫黄,硫首先与铅作用生成硫化铅,化学反应式为 Pb + S = PbS,由于铜对硫的亲和力大于铅对硫的亲和力,所以硫化铅中的铅很快被铜置换,生成硫化亚铜,化学反应式为 $PbS + 2Cu = Pb + Cu_2S$。

生成的这种 Cu_2S 在作业温度下不溶于铅,且密度较小,呈固体浮在铅液表面,形成硫化渣而被除去。随着反应过程的进行,铅液中含铜浓度降低,反应达到平衡,以其浓度表示的平衡关系为:

$$\frac{[Pb] \cdot [Cu_2S]}{[PbS] \cdot [Cu]^2} = K$$

由于 Cu_2S 实际上不溶于铅,且铅的浓度可视为不变,则有

$$\frac{1}{[PbS] \cdot [Cu]^2} = K$$

反应平衡时，残存于铅液中的铜的浓度为：

$$[Cu] = \sqrt{\frac{1}{K \cdot [PbS]}}$$

一定温度下的平衡常数 K 可以通过热力学计算求出，且已知 $330 \sim 350$℃时，PbS 在铅中的饱和溶解度为 $0.7\% \sim 0.8\%$，因此，理论上计算残存的最低含铜量仅为百万分之几，但实际上只能降到 $0.001\% \sim 0.002\%$。

4.2.1.3 除铜工艺

除铜精炼的操作流程如图 4-3 所示。

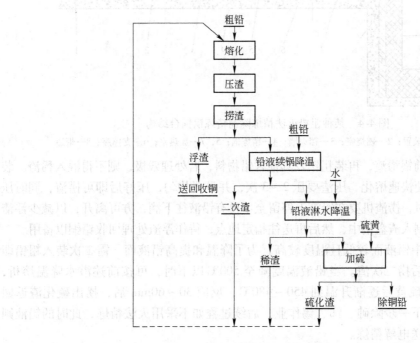

图 4-3 粗铅除铜作业流程

除铜作业是在精炼锅中进行的，其容量波动于每锅 $30 \sim 300$t 粗铅。精炼锅的材质为铸钢，小型锅也有用普通钢板冲压后再焊接而成的。现在国内生产的 $50 \sim 100$t 铸钢锅质量很好，寿命达两年以上。加热锅的炉灶称为炉台，它由燃烧室、加热室（即锅腔）、支撑座、挡火墙和烟道组成。燃料可用块煤、重油或煤气，前二者易产生黑烟污染环境，烧块煤的炉子还应有炉排。煤气是比较理想的燃料，发热值高，燃烧充分。有一种容量为 50t，燃料用煤气的精炼锅锅台结构如图 4-4 所示。

在进行除铜作业时，首先将粗铅装入锅内加热熔化，粗铅质量好时，加热到 500℃就可用捞渣机捞渣。捞完渣后淋水降温，分 $2 \sim 3$ 次淋水，每加一次水撇一次稀渣，最后把铅液降至 330℃左右，撇净稀渣并打净锅帮后，搅拌加入硫黄粉进一步除铜。当粗铅质量不好，特别是含铜高时，浮渣量较大，为了降低渣率和渣的含铅量，要把铅液温度加热到 $650 \sim 700$℃，并用压渣坨压渣，以提高渣温度，降低渣的含铅量。压渣后捞渣，容量为 50t 的锅产渣量 $4 \sim 8$t。

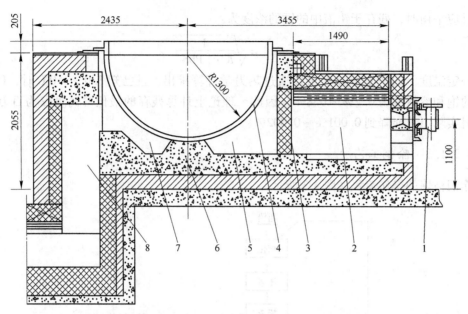

图 4-4　某种粗铅火法精炼除铜精炼锅锅台结构

1—煤气喷嘴装置；2—燃烧室；3—挡火墙；4—精炼锅；5, 7—加热室；6—支撑座；8—烟道

装锅时，先装前锅稀渣，再装粗铅及其他含铅物料；若处理残极，则不得混入稀渣。装锅时应装紧密，以便快速熔化。压渣要压 2 ~ 3 次，并且要均匀，压好后即可捞渣，同时压火降温。每次捞渣时，捞渣机要在铅液上停留至不再有铅液往下滴，方可离开，以减少浮渣含铅量。捞出的渣倒入渣盘集中，然后再送往指定地点，待作浮渣处理回收铅铜以备用。

捞完渣后，锅中铅液面较低且温度较高，为了降温和提高铅液面，需二次装入粗铅即续锅，续满并熔化后捞二次渣。当铅液温度降至 500℃ 以下时，可按前述淋水降温熔析，并加硫除铜。加完硫黄后逐渐升温到 450 ~ 480℃，反应 30 ~ 60min 后，捞出硫化渣返回下一锅；铅液则待下一步除砷、锑、锡作业，后续过程如不采用火法精炼，此时的铅液则直接浇铸成阳极板送电解精炼。

我国用熔铅锅进行除铜的作业实例见表 4-3。

表 4-3　粗铅除铜实例

项　　目	单位	Ⅰ 厂	Ⅱ 厂	Ⅲ 厂	Ⅳ 厂
脱铜方式		熔铜中熔析及加硫	熔锅中熔析及加硫	熔锅中熔析及加硫	熔锅中熔析及加硫
熔铅锅容量	t	50	15	7	75
粗铅含铜	%	1 ~ 3	0.5 ~ 1.2	0.8 ~ 2	0.8 ~ 1.0
熔析温度	℃	320 ~ 330	330 ~ 340	330 ~ 350	320 ~ 330
硫化温度	℃	320 ~ 350	330 ~ 335	330 ~ 350	330 ~ 340
加硫时搅拌时间	min	30 ~ 60	30 ~ 60	30 ~ 60	30 ~ 60
搅拌方式		桨叶式搅拌机	桨叶式搅拌机	桨叶式搅拌机	桨叶式搅拌机
除铜后的铅含铜	%	<0.05	<0.03	<0.01	<0.06
除铜效率	%	96 ~ 99	95 ~ 99	98 ~ 99	95 ~ 96
硫黄单耗	kg/t	0.3 ~ 0.5	0.8 ~ 1.0	0.4 ~ 0.8	0.3 ~ 0.6

有的工厂采用连续除铜作业，其操作是在一个较深熔池（1.2~1.8m）的炉中进行的，如图4-5所示。在深熔池中，熔体自上而下温度逐步降低，形成一定的温度梯度，粗铅液加入熔池上部，低温铅液自熔池底部虹吸池放出，铅液自上而下运动，温度逐步降低，底层温度控制在400~450℃。随着温度的降低，铅中溶解的铜自下而上移动，浮到熔池上层，加入的硫化剂（一般为PbS）硫化，形成铜锍，依据其聚积量的多少，定期放出炉渣和锍。放锍前加入铁屑，以降低锍中铅含量。粗铅液则根据鼓风炉的生产和铅包大小，不断地加入炉内。自底部放出的含铜低的低温铅液则视下道工序的需要定期放出。须保持炉内铅液液面大致稳定，可在300mm范围内波动。因此，可以认为，粗铅连续脱铜炉是把处理铜浮渣的反射炉置于熔铅锅上方的联合冶金装置。

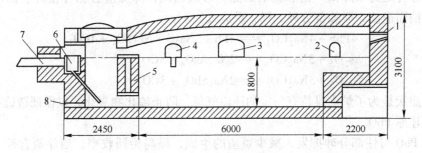

图4-5　粗铅连续脱铜炉

1—烧嘴；2—粗铅进口；3—操作门；4—渣、锍放出口；
5—挡墙；6—放铅槽；7—放铅溜子；8—测温孔

我国东北某厂曾用的粗铅连续脱铜炉是一座深熔池的燃烧重油反射炉，如图4-5所示，熔池深度1.6~1.8m，炉宽2m，长7.6m，距炉子末端1m处有一个挡墙，下部相通，上部高于熔体面，以防止炉渣和锍越过。

4.2.1.4　铜浮渣的处理

浮渣一般指火法精炼过程中浮在熔融（主）金属表面，由精炼过程形成的杂质化合物及机械夹带的主金属液滴（块）所组成的固体物质。

熔析除铜产出的浮渣一般含铜10%~20%，含铅60%~80%，见表4-4。

表4-4　某些工厂的铜浮渣成分　　　　　　　　　　（质量分数/%）

工厂	Cu	Pb	Fe	S	As	Sb	Ag	Au/g·t^{-1}
株洲冶炼厂	11~15	<75	2~5	3~6	2~4		0.07	
韶关冶炼厂	10~15	60	2~3	—		2~3	0.1	
水口山三厂	5~10	<80		<60	1	2	0.07	
豫光金铅公司	7~11	60~72	3	2~4	3	2	0.1	50~80

各炼铅厂均用苏打（Na_2CO_3）-铁屑法专门处理铜浮渣。该法的优点是铅回收率高，可达95%~98%，铅锍含铅低，铜铅比高，达4~8，铜回收率达85%~90%。处理浮渣的

炉料配比见表4-5。

表4-5　处理浮渣配料比

工　厂	浮渣	苏打	焦炭	氧化铅	铁屑	硫化剂
原沈阳冶炼厂	100	6~8	2	0~10	10~15	0~10
株洲冶炼厂	100	6~8	2~3	0~8	10~12	
豫光金铅公司	100	5~8	2~3	5~10	约10	

配入苏打是为了降低炉渣和锍的熔点，形成钠锍，降低渣含铅并使砷、锑形成砷酸钠、锑酸钠而造渣，脱除部分砷、锑，反应式如下：

$$4PbS + 4Na_2CO_3 === 4Pb + 3Na_2S + Na_2SO_4 + 4CO_2$$
$$As_2O_5 + 3Na_2CO_3 === 2Na_3AsO_4 + 3CO_2$$
$$Sb_2O_5 + 3Na_2CO_3 === 2Na_3SbO_4 + 3CO_2$$

配入焦炭是为了炉内维持有一定的还原气氛，防止硫化物氧化，以保证造锍有足够的硫，并能还原PbO。

配入PbO可使部分砷挥发，减少黄渣的生成，提高铅回收率，当浮渣含砷、硫低时可不加入PbO。

铁屑不配入炉料中，一般是在放渣后分批加入铁屑，并搅拌，使其与锍充分反应，降低锍中铅含量，加入量以加入的铁屑不再发生作用为止，其化学反应式为：

$$PbS + Fe === Pb + FeS$$

国内铅厂处理铜浮渣大多用反射炉，浮渣反射炉的燃料可用块煤或粉煤。炉膛面积为$9.5m^2$，烧煤的反射炉如图4-6所示。

熔炼作业包括加料、升温熔化、放渣、加铁屑置换、沉淀分离、放锍、加部分料降温、出铅，整个作业时间为14~20h。加料前，将浮渣与试剂（见表4-5）按确定的比例配料混合，待炉膛加热到1000℃以上时，将炉料加入炉内，在熔化期间保持炉温1100~1200℃，待炉料熔化后，搅拌一次，并提高炉温达1200~1300℃，静止30~40min后，开始放渣。

放渣放锍均要掌握"宽口、薄溜、勤取样"的原则，尽量避免开溜过深而带出锍或铅液。高温放渣的目的在于降低炉渣的黏度、降低炉渣中的含铅量及含铜量。放完渣后，向炉内分批加入铁屑，并搅拌，以使炉料和铁屑充分反应，并升高温度，沉淀30~40min，使锍和粗铅进一步分离后再放锍。开始放锍时，溜口宜开得深一些，使其流动得快，并将炉内残存的黏渣带出。同时，要勤取样观察，一旦发现有铅带出，立即堵溜停放，准备放铅。有的工厂将渣与锍一次放出，送鼓风炉进一步富集铜，分离铅。

炉子烟气经降温后用布袋收尘，烟尘率为3%~5%。粗铅中的铟在熔析除铜过程中大部分进入浮渣，浮渣处理时它主要进入烟尘，该烟尘可作为铅厂回收铟的原料。

苏打铁屑法处理浮渣的主要经济技术指标和熔炼产物成分，分别见表4-6和表4-7。

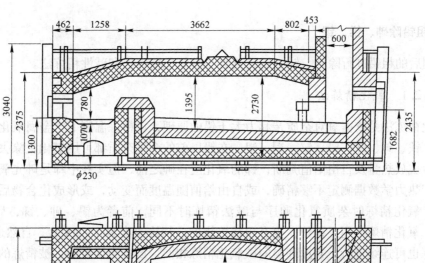

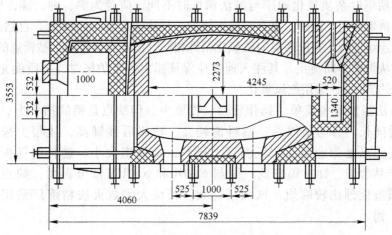

图4-6　9.5m² 浮渣反射炉

表4-6　苏打-铁屑法处理浮渣的主要经济技术指标

指　标	单　位	株洲冶炼厂	韶关冶炼厂	豫光金铅公司
床能率	t/ (m² · d)	2 ~ 2.5	2 ~ 2.5	2.3
铅回收率	%	96 ~ 98	95 ~ 97	95 ~ 96
锍中铜铅	%	4.2 ~ 5.5	4	3 ~ 5
烟尘率	%	1.5 ~ 3.5	3 ~ 6	3 ~ 6
燃料煤率	%	15 ~ 20	15 ~ 20	20
铜回收率	%	—	—	80

表4-7　浮渣反射炉熔炼产物化学成分　　　　　　　　　（质量分数/%）

名　称	Cu	Pb	Fe	S	As	Sb	SiO$_2$	CaO
粗铅	0.5 ~ 1	96 ~ 98	0.02	0.02	0.05	0.4	—	—
锍	30 ~ 50	7 ~ 12	16 ~ 22	10 ~ 18	0.5 ~ 1	0.2 ~ 0.5	—	—
黄渣	50 ~ 60	8 ~ 15	3 ~ 10	1 ~ 2	15 ~ 20	2 ~ 3	—	—
炉渣	2 ~ 5	1 ~ 3	10 ~ 15	2 ~ 3	3 ~ 5	0.3	16	1.5
烟尘	0.26 ~ 0.5	26 ~ 30	0.3 ~ 1.5	2 ~ 4	8 ~ 10	0.5	—	—

4.2.2　粗铅除砷、锑、锡

除铜后的粗铅进行除砷、锑、锡，其方法有氧化精炼法和碱性精炼法。

4.2.2.1　氧化精炼法

氧化精炼法是依据氧对杂质亲和力大于铅的原理，在精炼温度下，金属氧化的顺序是锌、锡、铁、砷、锑、铅、铋、铜、银，在铅以前的金属杂质都可用氧化法除去。从金属氧化物生成放热量及自由熔值判断，锑的氧化应在砷之前，但实践中却是砷先氧化，这可能是由于热力学数据测定不够精确，或自由熔值随温度而变动，或形成化合物后活度变化的原因。氧化精炼时杂质氧化顺序与碱法精炼时不同，前者为锡、砷、锑，后者是砷、锡、锑。氧化精炼多用反射炉，也有用精炼锅的。精炼温度 800～900℃，自然通风氧化。氧化精炼也可连续进行，其原理与间歇氧化精炼相同，设备为反射炉。被精炼的铅水从炉头连续注入而从炉尾不断流出，其注入速度应保证铅水流至炉尾时，杂质能充分氧化除去。精炼温度约 750℃，采用鼓风氧化。

氧化精炼法虽然设备简单、操作容易、投资少，但缺点是铅的损失大、直接回收率低、作业时间长、劳动条件差、燃料消耗高、精炼后残锑高，故很少采用。碱性精炼法的主要优点是作业可在较低温度下进行，金属损失小，燃料消耗少，操作条件好，终点产品含砷、锑、锡较低，试剂 NaOH 和 NaCl 可部分再生，缺点是过程所产生的各种碱渣处理比较麻烦，试剂消耗大。目前大多数火法精炼厂采用碱性精炼法除砷、锑、锡。

4.2.2.2　碱性精炼法

所谓碱性精炼法，是加碱于熔融粗金属中，使氧化后的杂质与碱结合生成盐而将其除去的火法精炼方法。粗铅碱性精炼的实质是使粗铅中杂质氧化并与碱造渣而与铅分离，该过程可在比氧化精炼较低温度（400～450℃）下进行，且氧化剂主要是硝石（$NaNO_3$）而不是空气，其原理是利用杂质元素砷、锑、锡对氧的亲和力大于主金属铅，从而优先将锡、砷、锑氧化为高价氧化物，然后它们再与 NaOH 形成相应的钠盐从而与铅分离，其反应速度快，进行得完全，锡、砷、锑等杂质在铅中的残留量都较低。

往粗铅液中加入硝石后，硝酸钠溶于熔体中，在 450℃ 的高温下分解析出 O_2，其反应方程式为：

$$2NaNO_3 === Na_2O + N_2 \uparrow + 2.5O_2 \uparrow$$

硝石分解析出的 O_2（实际上是以活性大的原子氧（[O]）释出），使杂质氧化并形成相应的钠盐，如砷酸钠、锡酸钠和锑酸钠，故其反应式分别为：

$$2As + 4NaOH + 2NaNO_3 === 2Na_3AsO_4 + N_2 \uparrow + 2H_2O$$

$$5Sn + 6NaOH + 4NaNO_3 === 5Na_2SnO_3 + 2N_2 \uparrow + 3H_2O$$

$$2Sb + 4NaOH + 2NaNO_3 === 2Na_3SbO_4 + N_2 \uparrow + 2H_2O$$

一些铅也被氧化生成铅酸钠（Na_2PbO_2），但其中的铅最后又会被锡、砷、锑置换出来，其反应方程式为：

$$5Pb + 2NaNO_3 = Na_2O + 5PbO + N_2 \uparrow$$

$$PbO + Na_2O = Na_2PbO_2$$

$$Sn + 2Na_2PbO_2 + H_2O = Na_2SnO_3 + 2NaOH + 2Pb$$

$$2As + 5Na_2PbO_2 + 2H_2O = 2Na_3AsO_4 + 4NaOH + 5Pb$$

$$2Sb + 5Na_2PbO_2 + 2H_2O = 2Na_3SbO_4 + 4NaOH + 5Pb$$

由于上述反应，最终进入碱性精炼渣中的铅较少。此外，过程中还要加入食盐，虽然它不起化学反应，但是提高了 NaOH 对杂质盐的吸收能力，所以能降低熔渣的熔点和黏度，减少 $NaNO_3$ 的消耗。每除去 1kg 锡、砷、锑，消耗的各种试剂量见表 4-8。

表 4-8　碱性精炼的试剂消耗　　　　　　　　　（kg/kg）

杂 质	NaOH	NaNO₃	NaCl
砷	2.90	1.00	1.1
锡	1.92	0.59	0.52
锑	1.50	0.50	0.63

　　碱性精炼的装置是在精炼锅上放置一个反应器，如图 4-7 所示。试剂从上部加入反应器，铅液离心泵将锅中的铅液扬至反应器与试剂反应，反应后从锅下部流回锅中，如此反复循环，反应器中还可装上搅拌机，使铅液与试剂有更良好的接触，以加快反应。当渣子变黏稠，铅试样发亮蓝色，说明过程已到终点，关闭反应器底部的阀门，吊出反应器，卸出渣子，最后将铅液扬至"除银锅"进行加锌除银作业。反应时间决定于粗铅中杂质含量，通常每除去 1t 锑需 10h，1t 砷或锡则需 17h。

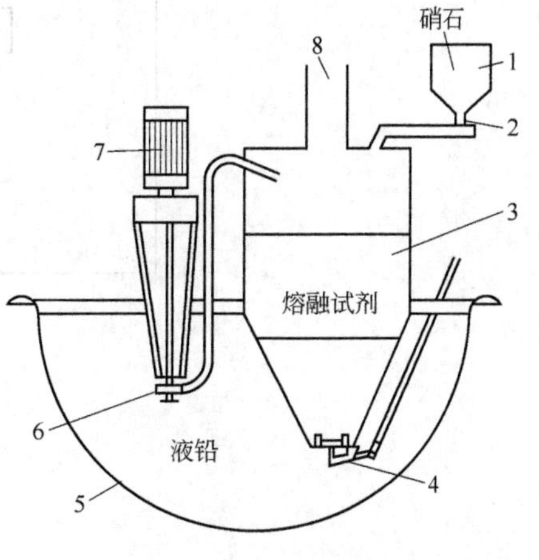

图 4-7　间断操作的粗铅碱性精炼设备
1—硝石料斗；2—分配器；3—碱性反应器；4—阀门；
5—精炼锅；6—离心泵；7—电机；8—吸气道

　　如果粗铅含杂质较高，反应可分两段进行。第一段主要是产出含杂质高的炉渣，第二段再加新试剂，以得到优质铅液，炉渣则返回第一段使用。粗铅的碱性精炼也实现了连续操作。

4.2.2.3　碱性精炼渣的处理

　　碱性精炼渣处理的工艺流程如图 4-8 所示。处理的目的是再生回收 NaOH 和 NaCl 以及锡、砷、锑。其理论依据是砷酸钠易溶于碱性水溶液中，且随温度升高溶解度增加；锑酸钠不溶于被 NaCl 饱和的 NaOH 溶液中，而且随温度变化很小；锡酸钠溶于水，但溶解度随温度上升和 NaOH 浓度升高而降低。

　　如碱渣中的砷、锑或锡含量很低，则流程图中的相应部分可简化。

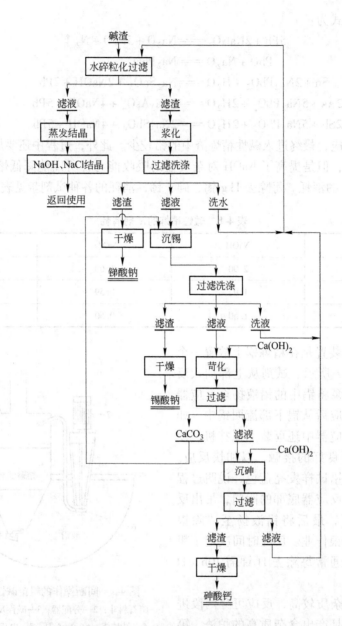

图 4-8　从碱渣回收试剂并生产砷、锑、锡化工产品的流程

4.2.3　粗铅除银

粗铅用加锌的方法除银，这是由于锌对银具有较大的亲和力，能形成密度比铅小，熔点比铅高，且在被锌饱和的铅液中不会溶解的金属间化合物。在操作过程中，逐渐形成渣壳——银锌壳，浮于铅液表面，从而与铅分离。

研究锌化物的熔点数据表明，锌与金、银能形成一系列难熔而质轻的化合物，进入银锌壳。凡是能与锌形成熔点较高化合物的其他杂质，如铜、铁、镍、钴都能进入银锌壳中，使锌的消耗增高而银锌壳中贵金属含量下降，但这些杂质多在除铜时被除去。

凡是能与铅形成低熔合金（共晶）的杂质，如砷、锡、铋以及锑等则大部分留在铅水中，消耗了锌又妨碍锌与贵金属化合，使贵金属进入银锌壳的量下降，同时银锌壳变成糊状，难与铅水分离，也增加银锌壳中的铅含量，因此，加锌提银前必须使粗铅先经过精炼。

溶解于粗铅中的锌，与粗铅中的银发生如下反应：

$$2Ag + 3Zn = Ag_2Zn_3$$
$$2Ag + 5Zn = Ag_2Zn_5$$

因 Ag_2Zn_3、Ag_2Zn_5 熔点高，分别为 665℃和 636℃，它们在铅液中的溶解度很小，所以可以认为它们在铅液中的浓度已达到饱和浓度，故可视其浓度 $[Ag_2Zn_3]$、$[Ag_2Zn_5]$ 数值为常数，因此上面反应式的平衡常数可写成：

$$K_1 = [Ag]^2 [Zn]^3$$
$$K_2 = [Ag]^2 [Zn]^5$$

可见，要使银最少，则锌的浓度应达到最大，即达到其饱和值。升高温度可提高锌在铅液中的溶解度，但温度过高，锌易被空气氧化而造成消耗量增加，所以作业温度一般选择在 450~550℃的范围内。

除金的原理与除银相似，因金对锌的亲和力大于银，故首先形成金-锌化合物进入富壳中。

加锌除银过程中，铜、铁、镍、钴等也与锌形成高熔点化合物进入银锌壳。所以在除银前要将这些杂质金属除去。

加锌除银操作程序是间断地在精炼锅中进行的，如图 4-9 所示。作业周期包括加含银铅、加入返料贫银锌壳、加温、搅拌、降温和捞渣（银锌壳）等，其中加锌反应仅 20~30min。作业周期主要取决于升温和降温速率，降温速率为 10~12℃/h，每锅需 15~20h。

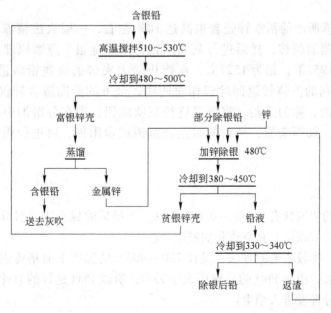

图 4-9　加锌除银的操作程序

富银锌壳的产率为粗铅的 1.5% ~ 2.0%，其成分为：银 6% ~ 11%，金 0.01% ~ 0.02%，锌 25% ~ 30%，铅 60% ~ 70%。

除银后的铅含银 3 ~ 10g/t，金微量，锌 0.6% ~ 0.7%，对于含银为 1 ~ 2g/t 的粗铅，每吨铅的除银耗锌量为 8 ~ 15kg。

澳大利亚皮里港铅厂采用特殊精炼锅进行连续除银，其装置示意图如图 4-10 所示。连续除银锅也称皮里港式连续除银锅。锅形如桶，高 6.9m，最大直径 3m。首先往锅内注入已除银的铅液作底液，并加入锌液（420℃），锌便漂浮在铅液的上面。其后，连续注入待脱银的软化铅（即已除去砷、锑、锡的铅），因粗铅密度较大而穿过熔融锌层向下移动，铅液被锌液浸染而含饱和锌。锅外燃料燃烧加热，维持锅内一定的温度梯度，锅上部为 630℃ 左右，锅底部约为 430℃。当铅液从上往下流动时，锌银（金）合金不断从铅液中析出，在虹吸管外向上运动，与铅液形成对流。锌液往复运动而富集金银。银锌壳（约 15% 银、150g/t 金、60% 锌、20% 铅）定期从上部捞出，用蒸馏法回收锌并返回，同时产出贵铅送去回收金银。除银后的铅液则沿虹吸管上升被连续抽走。与间断操作比较，连续精炼除银的优点是：

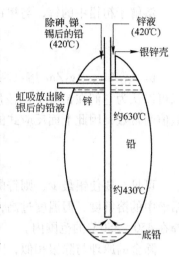

图 4-10　粗铅连续除银示意图

(1) 提高了劳动生产率，操作过程简化；

(2) 精铅含银稳定在 1 ~ 10g/t 之间；

(3) 银锌壳的产量少，含银高；

(4) 进入银锌壳的铅要少 2 ~ 3 倍，但是连续精炼锅上部的温度高，锌对上部锅壁腐蚀大。

由于粗铅精炼所产的富银锌壳含银高达 10% 左右，一般火法精炼车间均设银锌壳处理工序。首先蒸馏脱锌，然后进行灰吹除铅，回收金银。蒸馏原理是由于锌的沸点为 907℃，银为 1953℃，铅为 1527℃，在熔析除去夹带的金属铅后进行蒸馏回收锌，锌蒸气冷凝后得到的液体锌返回除银作业使用，余下的蒸馏渣含锌仅 0.5% ~ 1.0%，主要成分是银和铅，称为贵铅。将贵铅进行灰吹除铅，即在分银炉中氧化除去其中的铅和少量铜、铋、锑等杂质，产出的金银合金铸成银阳极，再进行粗银电解精炼，分别回收金和银。

4.2.4　粗铅除锌

加锌除银后的铅液含有 0.5% ~ 0.6% 的锌，在最后除铋前需将锌除去。除锌的方法有氧化法、氯化法、碱法、真空法和加碱联合法。

氧化除锌是一种较古老的方法，是在 750 ~ 800℃ 的温度下向精炼锅中的铅水吹入空气、水蒸气或纯氧，由于 PbO 的分解压大于 ZnO，所以 PbO 是锌的氧化剂，使锌大部分氧化造渣，小部分挥发进入烟尘。

氯化精炼法除锌是在 380 ~ 400℃ 温度下的反应缸中进行的。向铅水中通入氯气时，锌和其他金属杂质变为氯化物，$ZnCl_2$ 入浮渣，$AsCl_3$（沸点122℃）、$SbCl_3$（沸点220℃）和 $SnCl_4$（沸点114℃）则挥发除去，而银和铋不被氯化而留在铅中。铅虽被氯化，但又被锌置换，所以铅的氯化损失很少，因这一置换反应是可逆反应，除锌不彻底，故须加 NaOH 及 NaCl，这就是联合法。精炼时，用铅泵使铅水在反应缸内不断循环，并通入氯气使杂质氯化造渣和挥发，结束后降温撇渣，并将铅水汲至另一锅，在430℃下加 NaOH 或 NaOH 和 NaCl 的混合物除去残余杂质。每吨铅消耗量为 9～10kg Cl_2、0.9kg NaOH、0.115kg NaCl。渣率为 2%～3%。

碱法除锌的设备和操作与碱法除砷、锑、锡基本相同。锌是靠空气中的氧氧化，故不须加 $NaNO_3$，生成的 ZnO 与 NaOH 分解生成的 Na_2O 结合成锌酸钠（Na_2ZnO_2）。NaCl 主要是降低浮渣的熔点，作业温度由开始的 390～400℃上升至 460℃，除去 1t 锌消耗 1t NaOH、0.75t NaCl。碱法精炼的缺点是碱的回收再生作业麻烦且费用高。

上述各种方法除锌的共同缺点是锌以化合物形态进入精炼渣，不能以金属态的冷凝锌回收再返回除银工序。因此考虑用物理的方法——真空蒸馏法除锌，已被较多工厂采用。

真空法除锌是基于锌比铅更容易挥发的原理，使锌铅分离。含锌 0.5% 的铅锌合金在不同温度下的蒸气压及其比值（$p_{Pb}^{\ominus}/p_{Zn}^{\ominus}$）见表 4-9。

表 4-9　不同温度下的锌铅蒸气压及其比值

蒸气压	500℃	600℃	700℃	800℃	900℃
$p_{Zn}^{\ominus}/Pa$	183	1.46×10^3	7.68×10^3	3.04×10^4	9.65×10^4
$p_{Pb}^{\ominus}/Pa$	1.6×10^{-3}	2.4×10^{-2}	0.72	6.26	37.46
$p_{Pb}^{\ominus}/p_{Zn}^{\ominus}$	8.74×10^{-6}	1.64×10^{-5}	9.38×10^{-5}	2.06×10^{-4}	3.88×10^{-4}

根据表 4-9 的数据进行理论计算表明，对于含 0.5% 锌的铅锌合金，在 600℃时分离率可提高 960 倍，即锌进入气相，铅留在熔铅中。

铅和锌的蒸气压只决定于温度与合金成分，而与系统的残压无关。残压只影响蒸发速度。蒸发速度还与蒸发表面大小有关，所以力求薄层蒸发，并在搅拌或喷雾情况下进行。

真空脱锌作业实践表明，在残压 67Pa、温度为 600～620℃时，除锌率为 85%，铅液残锌为 0.1%。真空度继续提高至残压 6～7Pa、温度 580～590℃时，130～140t 铅液经 5h 作业，除锌率达 90%，铅液残锌为 0.06%，但进一步降低残锌比较困难，最后要用碱法除去残锌，这就自然出现了真空-加碱联合脱锌法。其优点是回收的锌可返回除银作业使用，且效率高、成本低，因而该法应用较普遍。

澳大利亚皮里港铅厂的连续真空脱锌过程控制残压 2～2.7Pa，温度 600～630℃，铅液残锌 0.05% 以下，每小时生产铅 16～37t，其装置如图 4-11 所示。

4.2.5　粗铅除铋

在铅烧结块还原熔炼过程中，原料中的铋几乎都进入粗铅。粗铅含铋一般在 0.1%～

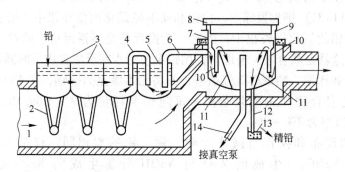

图 4-11   连续真空脱锌设备连接图

1—重油燃烧器；2—加热铅用的管；3—加热铅用的锅；4—虹吸管；5—给料锅；
6—供铅管；7—真空精炼锅；8—冷凝器；9—橡皮密封；10—分配管；11—表面蒸发器；
12—放精铅的管；13—铅封；14—接真空管

0.5% 之间，有的工厂产出的粗铅含铋在 0.005% 以下，则可以不设除铋工序，经除锌后的铅便可浇铸成锭出厂。

粗铅火法精炼除铋是一个较困难的过程，粗铅含铋高时，选用电解法精炼比较适宜。火法精炼通用的是加钙、镁及锑除铋，还有加钾、镁的除铋法。

加钙、镁除铋的基本原理是钙、镁与铅液中的铋生成不溶于铅液的化合物 Bi_2Ca_3（熔点 928℃）和 Bi_2Mg_3（熔点 823℃），这些化合物密度比铅小，可上浮至铅液表面与铅分离，但由于这些化合物呈微细颗粒悬浮于铅液中，不易除去，影响除铋效果。若加入适量的锑，由于锑和钙、镁分别形成易上浮的 Sb_2Ca_3、Sb_2Mg_3 和 Mg_2CaSb_2 颗粒，能将悬浮的 Mg_2CaBi_2 微粒夹带浮至表面而除去。

除铋作业在精炼锅中进行，作业时间依锅的容量而定，150t 的锅作业周期为 8～10h，260t 的锅则为 12h。过程的温度控制在 350℃ 左右，加钙、镁时为 360℃，捞铋渣时为 330～340℃。

如果将铋的含量降至 0.02% 时，则钙和镁的消耗可计算如下：

$$Q_{Ca} = C_{Bi} + 0.57$$
$$Q_{Mg} = 2C_{Bi} + 0.7$$

式中 Q_{Ca}，Q_{Mg}——精炼 1t 铅所消耗的钙、镁千克数；

         C_{Bi}——粗铅中含铋量，%。

一般锑的消耗量为铋含量的 30 倍。除铋精炼的操作流程如图 4-12 所示。

粗铅经加钙除铋后，粗铅中的铜、砷、锡、锑、银、锌和铋等杂质金属含量，能达到产品标准要求，可能还残留一些加入的试剂如钙、镁、锑、钾、钠等。为了确保产品质量要求，在产品铸锭之前进行最终精炼，即在原精炼锅中加入铅的质量分数为 0.3% 左右的 NaOH 和铅的质量分数为 0.2% 左右的 $NaNO_3$，搅拌 2～4h 进行碱性精炼，捞完渣后，即可浇铸成精铅锭。

火法精炼的主要经济技术指标见表 4-10。

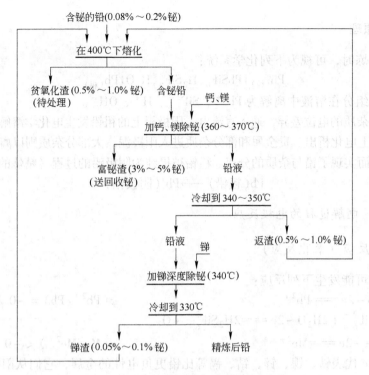

图4-12 粗铅除铋的操作流程

表4-10 火法精炼的主要经济技术指标

金属回收率和生产率	指标	备 注	吨铅单耗	指标	备 注
铅直收率	90%	到精铅	电能	32kW·h	
铜回收率	95%	到商品锍	水	12.3m³	
银回收率	97%	到金银合金	燃料	2.55×10⁶kJ	75m³ 天然气
金回收率	98%		锌锭	9.1kg	
铋回收率	87.8%	到金属铋	碱试剂	25.8kg	其中：NaOH 7.6，Na₂CO₃ 4.4，NaNO₃ 13.8
劳动生产率	2.8/t·（人·h）⁻¹		金属添加剂	4.2kg	其中：Ca 1.2，Na 0.1，Mg 2.8，Sb 0.1

4.3 铅电解精炼

我国炼铅厂的粗铅精炼大都采用粗铅火法精炼——电解精炼的联合工艺流程，它的火法精炼部分只是除铜，也有工厂还除锡，得到的是初步除铜（锡）粗铅，被浇铸成阳极板后电解。

初步火法精炼产出的阳极粗铅一般含98%～98.5%的铅、1.5%～2.0%的杂质。杂质的存在会使铅的硬度增加，延展性及抗蚀性降低，制得的铅白或铅丹颜色变差。电解精炼的目的是进一步脱除有害杂质，并且回收粗铅中的有价元素，特别是贵金属。

4.3.1　基本原理

铅电解精炼时，可视为下列化学系统：

$$Pb_{(纯)} \mid PbSiF_6, H_2SiF_6, H_2O \mid Pb_{(粗)}$$

电解液各组分在溶液中离解为 Pb^{2+}、SiF^{2-}、H^+、OH^-。

利用铅与杂质的电位差异，通入直流电，阳极板上的粗铅发生电化学溶解，阴极附近的铅离子在阴极上电化析出。贵金属和部分杂质进入阳极泥，大部分杂质则以离子形态保留在电解液中，从而实现了铅与杂质的分离。粗铅被提纯为阴极铅的过程（精炼的过程）为：

$$Pb(粗铅) \longrightarrow Pb'(阴极铅)$$

4.3.1.1　电解过程的电极反应

A　阳极反应（氧化反应）

在阳极上可能发生下列反应：

$$Pb - 2e = Pb^{2+} \qquad\qquad \varphi(Pb^{2+}/Pb) = -0.13V$$
$$2SiF_6^{2-} + 2H_2O - 2e = 2H_2SiF_6^{2-} + O_2$$
$$Me - 2e = Me^{2+} \qquad\qquad \varphi(Me/Me^{2+}) < -0.13V$$

式中的 Me 代表铁、镍、锌、钴、镉等比铅更负电性的金属，它们从阳极上溶解进入溶液，但不会在阴极析出，同时在实际条件下 SiF_6^{2-} 放电的可能性很小。

因为有电位差和超电位存在，在铅电解精炼过程的实际条件下，阳极主反应为：

$$Pb - 2e = Pb^{2+}（阳极铅溶解）$$

B　阴极反应（还原反应）

在阴极上可能发生的反应：

$$Pb^{2+} + 2e = Pb \qquad\qquad \varphi(Pb^{2+}/Pb) = +0.34V$$
$$2H^+ + 2e = H_2 \qquad\qquad \varphi(H^+/H_2) = 0$$
$$Me^{2+} + 2e = Me \qquad\qquad \varphi(Me/Me^{2+}) > 0.34V$$

在正常情况下，H^+ 在铅上具有很大的超电压，使氢的放电电位比铅负得多，故 H^+ 不会在阴极析出，只有 Pb^{2+} 反应发生。而放电电位大于 Pb^{2+} 的 Me 在阳极很少溶解，由于浓度很低，很少会在阴极析出，故只有当阴极附近的电解液中铅离子浓度极低，并由于电流密度过高而发生严重的浓差极化时，在阴极上才可能析出氢气，或杂质离子浓度过高才可能析出 Me。

由上面分析可知，因为有电位差和超电位存在，在铅电解精炼过程的实际条件下，阴极主反应为：

$$Pb^{2+} + 2e = Pb（阴极铜析出）$$

综上所述，在铅电解精炼过程中，在两极上的主要反应是粗铅在阳极上的溶解和铅离子在阴极上的析出。

4.3.1.2　杂质在电解过程中的行为

在粗铅阳极中，通常含有金、银、铜、锑、砷、锡、铋等金属杂质，金属杂质在阳极中除以单质形态存在外，还以固溶体、金属间化合物、氧化物和硫化物等形态存在。阳极中的金属杂质在电解过程中的行为是很复杂的，按其标准电位可将阳极中的杂质分为三类：

第一类：锌、铁、镉、钴、镍等；

第二类：锑、铋、砷、铜、银、金等；

第三类：电位与铅相近的金属，比如锡。

第一类杂质金属能与铅一起从阳极溶解进入电解液，由于其析出电位较铅负，故在正常情况下不会在阴极上放电析出。由于这些金属杂质在粗铅中含量很少，且在火法精炼过程中很易除去，所以一般情况下不会在电解液中积累到有害的程度。

第二类杂质金属很少进入电解液，而是残留在阳极泥中，当阳极泥散碎或脱落时，这些杂质金属将被带入电解液中，并随着电解液流动而被黏附或夹杂于阴极析出铅中，对阴极质量影响很大，尤其是铜、锑、银和铋的影响显著。

铜：阳极中铜的活性很小，在没有氧参与下，不会呈离子状态进入电解液中，所以在电解液中含量很少。阳极中铜的存在严重影响阳极泥的物理性质，当阳极铜含量超过0.06%时，阳极泥将显著地变硬和致密，以致阻碍铅的正常溶解，并使槽电压升高而引起杂质金属的溶解和析出。因此，电解前的粗铅必须先进行火法精炼，将铜含量降至0.06%以下。

锑：锑在阳极中呈固溶体的形态存在，由于其标准电位较正，在电解过程中很少进入电解液，而是留在阳极泥中，但锑能在阳极表面的阳极泥中形成坚固而又疏松多孔的网状结构，包裹阳极泥使之具有适当的附着强度而不脱落。当阳极的锑含量大于1.2%时，阳极泥会变得坚硬而难于刷下。当阳极锑含量小于0.3%时，阳极泥容易散碎脱落，电解液浑浊，贵金属损失严重，析出铅的质量难以保证。因此，生产中阳极锑含量一般控制在0.4%~0.8%。如果粗铅生产配料有困难，致使粗铅锑含量太高或太低，在初步火法精炼装锅时就要适量配入锑含量低或锑含量高的杂铅或粗铅，确保阳极有适量的锑，这在生产上称之为"调锑"。

砷：在电解过程中砷与锑的性质相似，难溶于电解液。阳极中砷的含量一般不大于0.4%。砷和锑都具有增大阳极泥强度的效果。工厂生产实践证明，控制阳极中锑和砷的含量和大于0.8%，可以确保阳极泥不掉落。

铋：铋和砷一样，标准电位比锑还正，在电解过程中不会呈离子状态进入电解液，而是保留在阳极泥中，所以用电解法分离铅铋是最彻底的。生产中偶然出现电解液含铋增高，导致析出铅质量不合格，多是由于掉极造成阳极泥溶解污染电解液造成的。

银：银通常是粗铅阳极中含量较高的杂质金属，也是阳极泥中回收价值最大的贵金属。电解时，银和铋一样绝大部分保留在阳极泥中，在阳极泥中富集而有利于回收，电解液中通常含有微量的银是阳极泥机械带入电解液中而混入阴极。生产过程中，掉极会造成电解液中银含量大幅度增加，析出铅中银严重超标，质量得不到保证。

第三类杂质金属是锡。阳极中锡含量小于0.01%时，可获得合格的阴极铅。锡的标准析出电位是−0.14V，与铅的电位非常接近，理论上将与铅一道从阳极溶解并在阴极析出。在实践中，锡并不完全溶解和析出，仍有部分保留在电解液和阳极泥中，这是由于阳极中有部分杂质金属与锡构成了金属间化合物，使锡的溶解电位升高，因而保留在阳极泥中。生产实践表明,当阳极含锑为 0.4% ~ 0.6% 时,仅有 30% ~ 40% 的锡在阴极析出,因此,在进行初步火法精炼时,有的工厂在除铜后接着除锡,以降低阳极的锡含量,也有的是在电解后熔铸析出铅的电铅锅中进一步除锡。

4.3.2 工艺流程

铅电解精炼通常包括阳极制作、阴极制作、电解、电解液制备、净液及阳极泥处理等工序。一般的生产流程如图 4-13 所示。

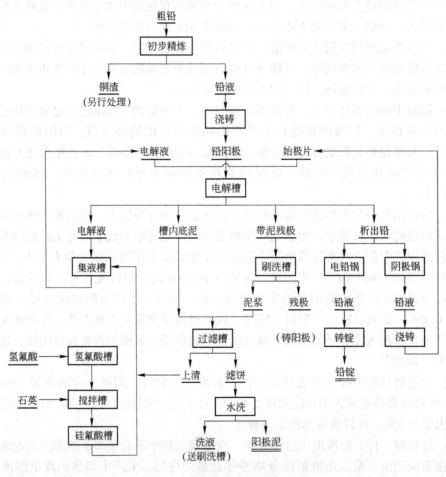

图 4-13 铅电解精炼工艺流程

4.3.3 主要设备

4.3.3.1 电解槽

铅电解槽大多为钢筋混凝土单个预制,壁厚 80mm,长度为 2 ~ 3.8m。依据每槽极板片数和极间距离,两端各留 80 ~ 100mm 的距离为进出液用。槽宽视阴极宽度,两边各留 50 ~ 80mm 的空余,以利于电解液循环,槽宽度为 700 ~ 1000mm。槽深度取决于阴极长度和阴极下沿距槽底的距离,后者一般为 200 ~ 400mm,槽深度影响掏槽周期，槽总深度一般为 1000～1400mm。现广泛采用单体式电解槽，其结构如图 4-14 所示。

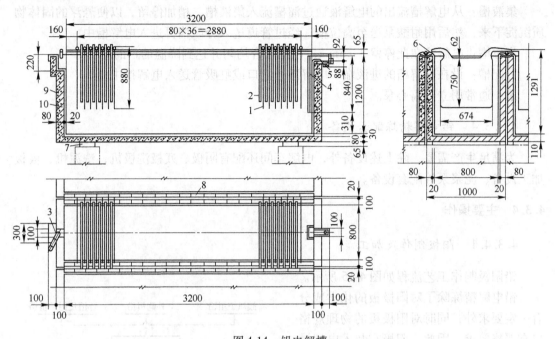

图 4-14　铅电解槽

1—阴极；2—阳极；3—进液管；4—溢流槽；5—回液管；6—槽间导电棒；
7—绝缘瓷砖；8—槽间瓷砖；9—槽体；10—沥青胶泥衬里

电解槽的防腐衬过去多为沥青胶泥，现在则为 5mm 厚的软聚氯乙烯塑料。电解槽寿命可达 50 年以上，关键是制作要保证质量，使用时要精心维护、及时修理。

还有整体注塑成的聚乙烯塑料槽，厚 5mm，以它作为浇制钢筋混凝土槽体的内模板浇灌混凝土，经养护脱模后，即成为外部是钢筋混凝土、内部是整体防腐衬里的电解槽。这种电解槽只要施工方法合理，焊缝紧密无气孔和夹渣，衬里可使用 8 年以上，维修也较简单。

电解槽的配置是槽与槽之间电路串联连接，槽内极间并联连接。有的工厂把 8～16 个槽组成一列，也有把全部槽分成两列或四列，这要依据厂房的长和宽而定。槽高度最好保证槽底距地面 1.8～2.0m，以便于检查槽是否漏液并及时修理，同时便于槽下设置贮液槽。

4.3.3.2　电解槽电路连接

电解槽的电路连接，一般采用复联法，即每个电解槽内的全部阳极（比阴极少一块）并列相连，全部阴极也并列相连，而槽与槽之间则为串联连接。

4.3.3.3　电解液循环系统设备

电解生产过程中，电解液必须不断地循环流通。在循环流通时，一是要补充热量，以维持电解液所需的温度；二是需经过过滤，滤除电解液中所含的悬浮物，以保持电解液的清洁度。

循环系统的主要设备有集液槽、高位槽、分配槽、供液管道、换热器和过滤设备等。

集液槽：从电解槽流出的电解液通过溜槽流入集液槽，稍加停留，以便悬浮的固体物质沉淀下来，然后用耐酸泵送至高位槽，经过管道送入分配槽再进入电解槽中。

高位槽：电解液在此停留 3～5min，以便混合均匀并达到降温的目的。

分配槽：设在电解槽的进液端，电解液经溜口或虹吸管送入电解槽中。

泵：通常用立式离心泵。

4.3.3.4　铅电解精炼配套设备

为满足生产需要，除上述设备外，电解车间还配有阴极、残极洗极机、洗泥机、极板加工设备、泥浆泵等配套设备。

4.3.4　主要操作

4.3.4.1　阳极制作及加工

铅阳极制作工艺流程如图 4-15 所示。

铅电解精炼除了对阳极板的化学成分有一定要求外，同时对阳极板的物理规格也有严格要求。因此，阳极在装入电解槽以前，要求经过清理和平整，并去掉飞边毛刺，表面平整光滑，无任何夹杂物及氧化铅渣，也不能有凸凹不平和歪斜之处，尤其对于阳极挂耳和导电棒接触的地方，更要注意平滑，以便在装入电解槽以后，阳极和导电棒有较大的接触面积，以减少接触电阻。

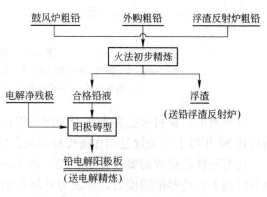

图 4-15　铅阳极制作工艺流程

为了消除电解过程中因阴极边缘电力线较为密集而产生的阴极厚边或瘤状结晶，阳极外形尺寸应比相应的阴极尺寸小一些，一般长度短 20～40mm，宽度窄 40～60mm。阳极尺寸范围较大，长 740～920mm，宽 640～760mm，厚 20～25mm，质量为 65～200kg。

4.3.4.2　阴极制备

阴极是用合格的析出铅或电铅铸成的基底薄片，它在电解精炼中作为阴极，使电解液中的铅离子在其表面析出，故又称其为始极片。

根据铅电解的特点，始极片要比阳极稍大一些，一般长 900～1300mm，宽 670～800mm，厚 1～2mm，质量为 11～13kg。

阴极基底薄片原来用铸模板手工制作，其主要缺点是劳动生产率低，劳动强度大，目前只有一些小工厂还在应用。现国内大部分的铅厂，都采用自动连续铸片机生产阴极基底薄片，它可连续完成制片、剪切、压合、平板、排板、装棒等操作。机械化生产的阴极基底薄片的质量是手工生产的 2~3 倍，完全消除了析出铅掉极的现象。自动连续铸片机组在制片过程中，基底薄片进行了压纹处理，其刚度变好，在排板、吊运和入槽后仍能保持平直状态，有利于操作工的操作，改善了经济技术指标。某铅厂基底薄片的化学成分为（质量分数/%）：Pb≥99.994，Cu≤0.001，Ag≤0.0005，Bi≤0.003。

对基底薄片物理质量的要求是：表面平直无开口、无孔洞、无卷角，表面光滑不带渣，切口折好包紧，阴极导电棒光亮平直，不粘谷壳，每片上下宽窄相等，厚薄均匀，重量符合要求。

4.3.4.3 出装槽

电解槽内装好阴极、阳极、电解液，让阳极泥沉淀一段时间，电解槽内技术条件稳定以后，就可以通入直流电，电解开始进行。随着阴极析出物不断加厚，变成阴极铅，阳极不断溶解逐渐变成残极，电解过程中产生的阳极泥不断脱落。随着槽底阳极泥层越来越厚，一定时间后需要更新处理。

一般把更新阴极、阳极，获得产品阴极铜，刷洗电解槽等操作称为出装作业。在出槽时，通过行车用特制的吊架先将整槽阴极析出铅吊出，送往洗涤槽洗涤，然后将残极吊出，送残极刷洗槽用刷洗机刷洗。为了防止阳极泥污染析出铅，出槽一定要先出析出铅，后出残极。

4.3.4.4 电解液循环操作

电解液的循环，能对溶液起到搅拌作用，并消除电解精炼过程中产生电极极化和浓差极化的影响，使电解槽中各部位电解液的成分趋于一致，同时将热量和添加剂传递到电解槽中。

按电解槽排列布置的不同，电解液循环的方法可分为单级循环和多级循环。

单级循环：电解液由高位槽分别流经布置在同一个水平面的每个电解槽后，汇集流回循环槽。采用单级循环法的优点是操作和管理比较方便，阴极铅质量均匀，应用非常广泛。

多级循环：利用每一级槽中的位差，电解液由高位槽先后流经每一级槽，再流回循环槽。多级循环方法的优点是电解槽布置紧凑、占地少、管道短、酸泵流量小、能耗低。缺点是上下级槽内电解液温度和浓度不一致，质量难以控制。目前基本上不采用多级循环。

就单个电解槽而言，电解液循环方式，可分为上进液下出液循环，下进液上出液循环。

循环量的大小与阳极板的成分、电流密度、电解槽的容积及电解液的温度有关。阳极的杂质含量高，阳极泥量大，循环量应控制较小，以免将阳极泥搅起后黏附在阴极上，造成长粒子，但循环量过小，则传递热量和添加剂的效果不好。

每槽循环量一般为 18~25L/min。

电解液循环岗位技术操作规程如下：

（1）认真取样分析检测电解液的 H_2SO_4、Pb^{2+}、杂质离子浓度，并根据化验结果进行补液、补酸来调整电解液的组成，将电解液控制在生产技术条件要求的范围内；

（2）按规定时间测量电解槽中电解液的温度；

（3）随时观察循环大泵的运转情况、生产气压等，保证生产设备的正常运行；

（4）随时调整缓冲槽出口阀门，避免集液槽抽空和冒罐；

（5）勤检查加热器的回水情况，发现回水发绿时及时处理；

（6）当突然停电、停气时，应先关闭加热器出口阀门，然后关闭循环大泵的进出口阀门。当停某跨的循环时，应当先关闭缓冲槽的该跨的出口阀门，并注意集液槽的体积平衡；

（7）按生产记录项目认真如实填写生产记录，特殊生产情况必须向下一班次交代清楚，并写入记录，记录本不得乱撕乱画。

4.3.5　故障判断与处理

4.3.5.1　判断并处理异常结晶

阴极析出物异常结晶主要表现为阴极表面结晶呈海绵状，疏松粗糙且发黑，常呈树枝状毛刺或呈圆头粒状、瘤状疙瘩等。主要原因及处理措施如下：

（1）适当地提高电解液中铅离子及游离硅氟酸的浓度，使铅、酸浓度成比例增减，尽量避免电解液成分剧烈波动。铅离子浓度过高会使阴极结晶粗糙，过低则阴极表面结晶呈海绵状，而且随电流密度的增大而加剧，造成阴极海绵状结晶疏松、多孔极易脱落。在一般生产中，铅离子的质量浓度宜控制在 50～120g/L。当电解液中游离硅氟酸太低时，会恶化阴极结晶条件，产生海绵状结晶，因此，生产中游离硅氟酸的质量浓度一般控制在 80～120g/L。

（2）控制杂质金属的浓度，使之尽可能降低。

（3）添加剂用量。这是控制阴极结晶形态的最重要因素，加入胶质添加剂能大大改善阴极结晶状态。

（4）适当加大电解液循环量，使其达到每槽30L/min，提高电解液的循环速度要以不引起阳极泥的脱落或悬浮为前提。电解液由于重力作用，其成分易发生分层现象，造成浓差极化，因而造成电解槽下部的阴极结晶比上部粗糙，为消除这种不均匀性，必须加大电解液循环，以消除分层现象。在生产中，电解液的循环量，每槽一般控制在 20～40L/min。

（5）控制合适的电解液温度。提高电解液温度有利于阳极均匀溶解和阴极均匀析出，温度升高，会使析出铅发软，酸耗增大。电解液温度过低，会使析出铅表面结晶粗糙，槽电压升高，电耗增大，因此，生产中一般将温度控制在 35～50℃。

（6）加强管理，严格按技术操作规程进行操作。确保阴极析出铅外观质量不出现异常现象的预防措施如下：及时观察了解析出铅的表面结晶状况，根据结晶状况，及时调整添加剂用量并注意添加剂的质量变化情况；电解技术条件如温度、电流密度等发生变化时，添加剂用量应作相应调整；了解电解液循环情况，发现电解液循环停止或循环量减少及电解液分层，应及时处理；电解液铅离子浓度偏低（小于 50 g/L）时，易引起结晶的迅速恶化，应提高铅离子浓度；安装阴极极化电位测定装置，根据极化电位调整添加剂用量以控制阴极表面晶形。

4.3.5.2　电解液分层

在铅电解过程中出现析出铅长毛、发黑、发软，并伴有气泡和臭味发生，电解液循环流动不正常的现象即为电解液分层。

造成铅电解过程中电解液分层的主要原因是流量不足，溜口堵死，半圆管堵死或下沉。处理措施一般包括打开溜口，掏出堵物，升起半圆管，调整好流量，然后用胶管插入半圆管内虹吸电解液，插入深度为酸液深度的2/3以上，但不能带泥；吸出酸液的流速与进入槽内的酸液基本相等，待不用胶管时，液面平稳、不从下酸口溢出酸液。虹吸时应注意高度，防止放炮发生。另外，适当加大溜口酸液循环量，加快循环速度。

为确保铅电解过程中，电解液不分层，常采取以下预防措施：经常检查电解槽溜口的酸液循环量情况，发现溜口的酸流量偏小，应及时给予调整；经常检查电解槽半圆管完好情况，发现半圆管堵死或下沉应及时给予处理。

4.3.5.3　电解过程阳极掉极和掉泥

正常电解生产时，阳极具有一定的强度，悬挂在电解槽中参加电解，阳极泥具有一定的强度黏附在阳极表面上。

在铅电解过程中出现阳极由于强度不够使电解过程终止，或阳极上形成的阳极泥由于强度不够掉入电解槽内的现象称为电解阳极掉极和掉泥。

电解阳极掉极和掉泥的原因是阳极板的厚度不够或厚薄不均匀，电解电流密度计算不准确，阳极板中杂质含量太高，阳极板中砷、锑含量偏低，导致阳极泥附在阳极上的强度不够等。

阳极掉极和掉泥的处理措施：掉入槽内的残极要及时捞出，在捞取掉极的残极时要注意堵好溜口，且让电解液沉淀一定时间。掉极、掉泥严重的槽，装完槽后须通电4h才能打开溜口。掉泥严重，而且污染电解液严重时，可以停止电解液循环8~16h，让电解液进行沉淀。另一个方法就是对电解液进行过滤，过滤材料可用玻璃丝、木炭、锯末屑或活性炭等。

为确保铅电解过程中阳极不掉极和不掉泥，常采取的预防措施是严格验收阳极物理质量，不合格的坚决不装槽，调整好阴、阳极的距离；控制阳极板锑含量在 0.4%~1.2% 之间，可确保阳极泥的强度而不掉泥；残极洗刷槽要装满二次水后才能开车刷洗，并且要洗刷干净；残极机槽每班工作完后，要将槽内的阳极泥冲洗干净，严禁使用到周期残极生产中；经常检查，发现问题及时处理。

4.3.5.4　电解过程中的短路和烧板

正常的铅电解生产时，在直流电作用下，阳极铅均匀溶解、铅在阴极均匀沉积，槽面温度基本均匀稳定正常。

短路就是阴阳极直接接触，阴阳片极板比正常的温度要高很多。一般处理方法是提出阴极，去掉短路处毛刺、疙瘩，敲打平直再将其放入，同时注意不要接触阳极。

烧板分冷烧板和热烧板。冷烧板不导电，手感温度低于正常阴极温度，提出时可看到周围有一黑边。一般处理办法是用砂纸擦亮触点即可。热烧板接触不好、电阻大，手感温度高，一般处理办法是用小斧子敲打阴极，严重时则需将铜棒抽出擦净再放入，或更换阴极。

为确保铅电解过程中不短路和不烧板，常采取的预防措施是用手摸阴极及阳极大耳，以冷热程度来判定烧板、断路、短路，并做好记录。处理短路时，将该阴极提出，用小斧头打去短路处的疙瘩，或敲平弯曲凸角，用砂纸清擦阴极与导电棒的接触点。

若阴极表面有严重疙瘩或烧板、阳极有掉极趋势等情况时，要及时更换。换出的残极要洗净阳极泥，整齐码放在规定位置。提出的残极洗净后，送到残极槽处。提出有烧板或短路的阴极时，要稳、轻、正，不要碰撞阳极，以免污染电解液。

4.3.6　铅电解精炼技术条件

4.3.6.1　电解液的温度

电解液的温度一般为 $30 \sim 45℃$。温度升高，电解液的比电阻下降，但温度过高会引起沥青槽的软化和起泡，H_2SiF_6 也会加快分解，电解液的蒸发损失也增大。温度太低，电解液电阻升高，沥青槽衬龟裂。电流通过电解液所产生的热量，可使温度达 $30℃$ 以上，无需加热。

4.3.6.2　电解液的循环

随着电解的进行，阴极附近 Pb^{2+} 浓度下降，阳极则相反，将产生浓差极化，使槽电压升高。由于电解液中各组分密度不同，在电流作用下会发生分层现象，将引起阳极和阴极上下部分的不均匀溶解与沉积。为消除这些现象，就必须进行电解液的循环。

循环速度决定于阳极电流密度 D_K 和阳极成分，D_K 上升，电压 V 下降。阳极品位低时，也应提高循环速度，但以不引起阳极泥脱落为原则，一般更换一槽电解液需 $1.5h$。

4.3.6.3　电解液组成及成分控制

电解液的组成一般为（g/L）：Pb $60 \sim 120$，游离的 H_2SiF_6 $60 \sim 100$；总酸（SiF_6^{2-}）$100 \sim 190$，还含有少量的杂质及添加剂。

电解液的成分主要是控制 Pb^{2+} 与游离酸的浓度及杂质含量。随着电解过程的不断进行，由于铅的不断溶解，且因阴极效率低于阳极，使电解液中 Pb^{2+} 浓度逐渐上升。同时由于蒸发和机械损失以及 H_2SiF_6 的分解，使电解液中游离硅氟酸不断减少，为保持电解液成分的均衡与稳定，确保电解指标与电铅的质量，需对电解液进行增酸脱铅的调整。增酸便是定期向电解液中补充新的硅氟酸。脱铅有以下方法：

（1）加 H_2SO_4 沉淀法。即抽出一部分电解液，在其中加入 H_2SO_4，此时 $PbSiF_6 + H_2SO_4 = PbSO_4 + H_2SiF_6$，待溶液澄清后加入电解液中，$PbSO_4$ 则送烧结配料或作为制颜料的原料出售。

（2）电解脱铅。阳极为石墨，阴极为铅片，通电时阴极析出铅，阳极放出氧气，此外阳极还发生反应：$2PbSiF_6 + 2H_2O = PbO\downarrow + Pb\downarrow + 2H_2SiF_6$，电解脱铅还具有微弱的净液作用。

4.3.6.4 电流密度

电流密度是指单位阴极板面积上通过的电流强度，通常用 D_K 表示。电流密度是铅电解生产中最重要的技术指标之一，也是影响金属沉积物结构和性质的主要因素。

电解槽的生产能力随 D_K 的上升而增大，所以提高 D_K 能节省投资，但 D_K 过高，则单位时间析出铅的电耗增大，且阴极铅质量下降。

D_K 的选择原则是保证阴极铅质量的前提下，使生产率最大，成本最低。一般 D_K 在 $120 \sim 180 A/m^2$，若阳极含杂质高，操作周期长，则宜选低 D_K，此时由于 Pb^{2+} 放电速度慢，析出晶核的长大速度等于晶核生成速度，因此可获得粗糙的阴极结晶，电效率高。在其他条件相同时，阴极铅中锡、银、锑、铜的含量随 D_K 的上升而上升，同时阴极结晶变化，电压上升，浓差极化加剧，短路次数增多、电流效率下降。因此，为获得高质量的电铅和低能耗而在生产中采用高 D_K 时，须满足下列条件：

（1）提高阳极品位（w_{Pb}（质量分数）>98.5%），减少杂质含量，适当保持锑量；

（2）增大电解液中 Pb^{2+} 和 H_2SiF_6 的浓度，增大电解液的循环速度；

（3）增大电极外形质量（缩短极距）；

（4）选择适当与适量的添加剂。

一般来说，电流密度低，产生细粒黏附阴极沉积物；电流密度高，易产生粗粒不黏附的多孔沉积物，而且阳极易钝化。同时，电流密度也决定了电解槽的生产能力。提高电流密度可以在不增加设备的条件下提高产量，提高劳动生产率。对于新建的工厂，则可在保证同样生产能力的条件下，减少电解槽数，节约基建投资。

4.3.7 铅电解的主要经济技术指标

4.3.7.1 电流密度

在冶金上，电解过程的产品主要是阴极析出物，所以常用阴极电流密度作为技术指标。

电流密度的计算公式为：

$$D_K = \frac{I}{S}$$

式中　D_K——电流密度，A/m^2；

　　　I——通过电解槽的电流，A；

　　　S——单个槽内阴极的总有效面积，m^2。

电流密度是电解生产中最重要的技术参数，根据法拉第定律，电解产物量与通过的电流成正比。因而，电流密度反映了电解过程的强度，电流密度直接决定电解工厂的生产率。

铅电解精炼的电流密度一般为 $160 \sim 200 A/m^2$。国内某厂采用高电流密度生产来增加产量的经验如下：

（1）确保阳极铅品位 $w_{Pb} \geq 98.5\%$，并控制 $0.8\% \leq w_{Sb+As} \leq 1.2\%$，$w_{Cu} \leq 0.06\%$；

（2）提高电解液中铅、酸主成分浓度，其中 Pb^{2+} 80 ~ 100g/L，SiF_6^{2-}（总）140 ~

160g/L，H_2SiF_6（游离）80~100g/L；

（3）加大电解液循环速度至每槽 32L/min；

（4）控制电解液温度 42~45℃；

（5）适当提高添加剂骨胶与 β-萘酚的配比浓度。

4.3.7.2 槽电压

对一个电解槽来说，为使电解反应能够进行所必须外加的电压称为槽电压，它可以用电压表测量电解槽内相邻阴、阳两极间的电压来确定。

铅电解生产中槽电压随着技术条件的变化而波动，一般在 0.35~0.55V 之间。根据欧姆定律可知，槽电压应当是通入电解槽的电流强度与电解槽的电阻的乘积，即 $V = IR$。可见，槽电压与电流强度或电流密度成正比，也与槽的电阻成正比。

输入电流的大小是根据产量决定的，通过调整电流降低槽电压显然没有意义。降低槽电压必须降低电解系统的电阻，电解系统的电阻主要由导体电阻、导体与电极接触点的电阻、电解液电阻、泥层与浓差极化电阻等组成。

某厂铅电解槽电压的分布实例见表 4-11。

表 4-11 某厂铅电解槽电压的分布实例

各种电位降名称	电压/V	所占百分比/%	电 解 条 件
电解液	0.2857	62.11	电解液成分/g·L^{-1}：Pb^{2+} 86.65 总酸 155.08 极距/mm：80 电流密度/A·m^{-2}：150~160
各接触点	0.0402	8.74	
导体	0.0228	4.96	
阳极泥层与浓差极化（差数）	0.1113	24.19	
合 计	0.46	100.00	

从表 4-11 可见，导体电阻和接触点电阻都比较小，不到总电阻的 15%，可降低的潜力较小。电解液电阻约占 62%，泥层与浓差极化电阻约占 25%，而电解液电阻受电解液含游离酸的影响较大，其影响关系如图 4-16 所示。

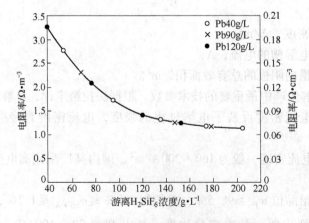

图 4-16 电解液电阻与游离硅氟酸浓度的关系

由图4-16可见，控制电解液游离酸浓度为80~100g/L时，其电阻较小，而继续提高游离酸的浓度虽然电阻还能有一定程度的降低，但酸的损失增大。

电解液中有机物的积累对电解液电阻的影响也较大，因此在保持析出铅有良好结晶的条件下，要尽可能少加添加剂，尤其要尽量减少胶的用量。

在总硅氟酸和Pb^{2+}浓度相同时，含氨基乙酸达到55g/L的老电解液电阻是新电解液电阻的1.8倍，这是添加剂长期积累导致氨基乙酸浓度逐渐升高的结果。因此，欲降低槽电压，首先要保持电解液有良好的导电性。

随着电解过程的进行，阳极泥层逐渐变厚，泥层电阻与浓差极化均相应增大，所以槽电压随送电时间的延长是逐渐升高的，一般要升高20%~30%。因此，应当根据阳极质量、电流密度、操作制度等电解条件，合理确定阳极周期。

可见保持较高的阳极品位、尽可能减少阳极泥层厚度，对降低槽电压具有重要作用。

4.3.7.3 电流效率

电解过程中，阴极上实际析出的金属量与理论析出量之比的百分数称为电流效率。理论析出量是按法拉第定律计算出来的，因此电流效率的计算公式为：

$$\eta = \frac{G}{qItN} \times 100\%$$

式中　　t——电解通电时间，h；

　　　　G——通电时间内N个电解槽的阴极实际析出量，g；

　　　　I——通过电解槽的电流强度，A；

　　　　N——电解槽个数，个；

　　　　q——电化当量，g/(A·h)，铅的电化当量为3.867g/(A·h)。

从上式可见，电流效率实际上是表示电解过程对法拉第定律偏差程度的一种量度。

例：某炼铅厂电解车间有生产槽224个，电流强度为6000A，阴极周期为3d，实际产出析出铅356t，求电流效率。

解：已知$G = 356 \times 10^6 g$，$I = 6000A$，$N = 224$个，$t = 3 \times 24h$，$q = 3.867g/(A·h)$

计算得：

$$\eta = \frac{356 \times 10^6}{3.867 \times 6000 \times 3 \times 24 \times 224} \times 100\% = 95.1\%$$

在工业生产上，实际的析出产量总是小于理论析出量，铅电解电流效率一般为93%~96%。电流效率小于100%的主要原因有：

（1）短路。由于极板放置不正，阴、阳极掉落到槽底以及阴极上长粒子而引起阴、阳极短路。

（2）漏电。由于电解槽与电解槽之间、电解槽与地面、导电板电路系统以及溶液循环系统等绝缘不良而使电流流入大地，造成漏电。

（3）副反应。氢离子在阴极上放电析出，铁离子分别在阴、阳极上不断地进行还原-氧化反应（$Fe^{3+} + e \longrightarrow Fe^{2+}$），无效地消耗电流。

（4）化学溶解。由于电解液温度、游离酸和铅离子浓度等技术条件控制不当而造成析出铅反溶。

4.3.7.4　电能消耗

电能消耗是指电解过程中阴极析出单位重量金属所消耗掉的电能量，通常用产出 1t 阴极金属所消耗的直流电能表示，也称直流电耗。如前所述，析出金属的实际产量（G）= 理论析出量（qIt）× 电流效率（η），假设 W 为单位电能消耗量，其计算式为：

$$W = \frac{IVt}{qIt\eta} = \frac{V}{q\eta} \times 10^3$$

式中　W——电能消耗，kW·h/t；

　　　V——槽电压，V；

　　　η——电流效率，%；

　　　q——电化当量，g/（A·h）。

在第 4.3.7.3 小节的例题中，该炼铅厂电解车间电流效率为 95.1%，又测得槽电压为 0.45V，那么 1t 析出铅的电能消耗为：

$$W = \frac{0.45 \times 10^3}{3.867 \times 0.951} = 122 \text{kW} \cdot \text{h}$$

铅电解精炼的电耗一般为每吨铅 100～150kW·h。国内外几家工厂铅电解电流密度、槽电压、电流效率与电能消耗的数据见表 4-12。

表 4-12　工厂铅电解的电流密度、槽电压、电流效率与电能消耗数据

项　目	株洲冶炼厂	水口山三厂	韶关冶炼厂	豫光金铅公司	特累尔（加拿大）	阿罗依（秘鲁）	温山厂（韩国）	神冈厂（日本）
电流密度/A·m⁻²	170～200	145～150	190	130～180	178～192	134	145～170	136
电流效率/%	93～96	92～95	95.52	92～98	92	90.2	94	95
槽电压/V	0.43～0.56	0.39～0.42	0.36～0.43	0.38～0.42	0.45～0.5	0.5～0.7	0.5～0.7	0.4～0.6
吨铅的直流电耗/kW·h	120～150	110～115	160	143	120	190	175	155

电能消耗与槽电压成正比，与电流效率成反比。因此，凡有利于降低槽电压、提高电流效率的因素，均能起到降低电能消耗的作用。

复习思考题

4-1　什么是粗铅火法精炼，其优点是什么？

4-2　粗铅除铜的基本原理是什么？

4-3　粗铅进行除砷、锑、锡的方法有哪些？

4-4　粗铅用加锌的方法除银的原理是什么？

4-5　粗铅除锌的方法有哪些？

4-6　粗铅除铋的方法有哪些？

4-7　铅电解精炼原理是什么？

4-8　铅电解精炼有哪些主要故障？如何处理？

5 炼铅炉渣的处理

5.1 概　述

采用鼓风炉冶炼粗铅时，铅炉渣的产出位置在炉缸区。过热后的各种熔融体，流出炉缸后继续反应并按密度差分层。最下层是粗铅，其次是黄渣，再上层是铅锍，最上层为炉渣。炉渣的组成和性质决定着铅熔炼过程中金属的还原程度及燃料的消耗量，最终决定着金属的熔炼效果和熔炼过程的主要经济技术指标。一般每生产 1t 粗铅，产出 1~2t 炉渣，按炉渣密度 3.5t/m³、粗铅密度 11t/m³ 估算，炉渣的体积将为粗铅的 3~6 倍，这些铅炉渣如果不经处理，长期大量堆存，将会对铅冶炼厂的周围环境构成污染。

鼓风炉法以及 QSL 法、基夫赛特法等铅冶炼工艺产出的铅炉渣中一般含锌 3%~20%、铅 0.5%~5%，此外，还含有铜、锡、金、银、锗、铟、铊等有价金属。如不加以回收，将是对宝贵资源的浪费，因此应采取措施，尽量回收有价金属，实现铅冶炼过程的资源综合利用。

处理炼铅炉渣的方法主要有回转窑法、电炉法和烟化法。其中烟化法是工业上广泛采用的方法。

5.2 炼铅炉渣的组成

火法炼铅过程中，在获得粗铅的同时，还将产出炉渣。炉渣主要由炼铅原料中的脉石氧化物和冶金过程中的铁和锌的氧化物组成。炉渣主要来源于以下几个方面：

（1）矿石或精矿中的脉石氧化物，如炉料中未被还原的氧化物 SiO_2、CaO、Al_2O_3、MgO 等以及炉料中仅被部分还原后形成的氧化物，如 FeO 等。

（2）经熔融金属和熔渣冲刷而受侵蚀的炉衬材料。这部分组成炉衬耐火材料的氧化物也熔入炉渣，当然，这些氧化物所占炉渣的比例较小。

（3）为满足铅冶炼条件，按选定的渣型配入的熔剂。如石英石、石灰石等。

（4）加入的碳质还原剂和燃料（如煤、焦炭），以灰分形式带入的脉石成分。

炼铅炉渣是一个非常复杂的高温熔体体系，它由 SiO_2、FeO、CaO、MgO、Al_2O_3、ZnO 等多种氧化物组成，并且它们之间可相互结合，形成化合物、固溶体、共晶混合物，此外，还含有少量硫化物、氟化物等。虽然有各种炼铅方法（如传统的烧结-鼓风炉炼铅法、密闭鼓风炉炼铅法和基夫赛特法、QSL 法等），各工厂使用的原料有所差异，炉渣成分有所不同，但基本的炉渣成分（质量分数）一般在下列范围波动：锌 3%~20%、铅 0.5%~1.5%、SiO_2 13%~30%、铁 17%~31%、CaO 10%~25%、MgO 1%~5%、Al_2O_3 3%~7%、铜 0.5%~1.5%。

值得重视的是炼铅炉渣中还含有少量的铟、锗、铊、硒、碲、金、银等稀贵金属和镉、锡等其他重金属，应考虑将它们综合回收。

一些炼铅工厂的典型炉渣成分见表 5-1。鼓风炉炼铅炉渣中铅的物相分布情况见表 5-2。

表 5-1　一些炼铅工厂的典型炉渣成分　　　　　（质量分数/%）

工厂名称	Pb	Zn	Fe	SiO$_2$	CaO	MgO	Al$_2$O$_3$	炼铅方法
希尔姑兰（美国）	2	10	23.3	22	12	4		烧结-鼓风炉
特累尔（加拿大）	4	18	27	20	11			烧结-鼓风炉
特累尔（加拿大）	5	17.8	21.8	20.9	12.7			基夫赛特法
隆斯卡尔（瑞典）	4.2	4.6	31.1	21	28			卡尔多转炉
维斯姆港（意大利）	4	9	20.2	22	20			基夫赛特法
斯托尔贝格（德国）	2~3	7~8	19.4~21.8	21~23				QSL 法
皮里港（澳大利亚）	2.6	16	24.9	22	14	1	5	烧结-鼓风炉
芒特·艾萨（澳大利亚）	2.6	13.9	17.7	21	24.5			烧结-鼓风炉
温山（韩国）	5	15	20.7	19.3	13.2			QSL 法
株洲冶炼厂	2.5~3.5	10~13	23~25	18~20	19~21	1	4.5~5.5	烧结-鼓风炉
豫光金铅公司	2.8	5~7	29.6	30	12.4		1~3	烧结-鼓风炉
水口山有色金属公司第三冶炼厂	1.3	12.3	28.1	28.1	17.5		5.5	烧结-鼓风炉

表 5-2　鼓风炉炼铅炉渣中铅的物相分布

分　类		Pb$_{PbO}$		Pb$_{PbS}$		Pb$_{xPbO·ySiO_2}$		Pb$_{金属}$		Pb$_{其他}$		Pb$_{总}$	
		质量/g	质量分数/%	质量/g	质量分数/%	质量/g	质量分数/%	质量/g	质量分数/%	质量/g	质量分数/%	质量/g	质量分数/%
国内	一厂	0.26	13.0	0.73	36.1			0.77	37.8	0.26	13.0	2.02	100.0
	二厂	—	—	0.22	9.6	0.69	24.2	1.0	37.2	0.82	29.0	2.83	100.0
特累尔厂（加拿大）				0.5	17	0.5	17		66			3.0	100.0
神冈厂（日本）		0.8	31.1	0.8	31.1	0.8	31.1	0.2		微	0	2.6	100.0
佐贺关厂（日本）		0.08	8.8	0.23	25.2	0.55	60.5	0.01	1.1	0.04	4.4	0.91	100.0

5.3　回转窑法处理炼铅炉渣

回转窑法，即 Waeltz 法，其最早应用是在 1926 年，由波兰首次用于处理低锌氧化矿、采矿废石，随后又用该法处理湿法炼锌厂的浸出渣和铅鼓风炉的高锌炉渣。该法实质上就是在物料中配入焦粉，在一定尺寸的回转窑中加热，使铅、锌、铟、锗等有价金属还原挥发，最后以氧化物的形式回收。

据报道，如采用回转窑法处理铅水淬渣，渣含锌应大于8%，若含锌低于8%，则锌的回收率小于80%，产出的氧化锌质量也很差。此外，对水淬渣的粒度、焦粉粒级分布等，也有一定的要求。

回转窑法处理炼铅炉渣时，沿长度方向可分为不同的温度带，如预热带、反应带和冷却带等，以 $\phi1.9m \times 32m$ 的回转窑为例，沿长度方向各温度带分布见表5-3。

表5-3　回转窑温度带分布情况

项　目	单　位	预热带	反应带	冷却带
长度	m	8~9	21~23	1~2
温度	℃	650~800	1100~1250	950

注：冷却带为窑渣温度，其余为烟气温度。

回转窑处理炼铅炉渣时，其产物主要有氧化锌、窑渣和烟气。氧化锌又可分为烟道氧化锌和滤袋氧化锌。窑渣产出率为炉料量的65%~70%，成分（质量分数）一般为：锌1.45%、铅0.3%~0.5%、铁22.8%、SiO_2 26.6%、CaO 12.6%、MgO 3.3%、Al_2O_3 7.8%、碳15%~20%。$\phi1.9m \times 32m$ 回转窑处理铅炉渣的经济技术指标见表5-4。

表5-4　回转窑处理铅炉渣的经济技术指标

项目	单位生产率	锌回收率	铅回收率	焦粉率	年生产天数	每吨 ZnO 焦粉单耗	每吨 ZnO 重油单耗	每吨 ZnO 高铝砖单耗	每吨 ZnO 电力单耗
单位	t/(m³·d)	%	%	%	d	t	kg	kg	kW·h
指标	1.5~2	80~85	75~82	35~45	250	3.5~4	60~110	100~140	150~300

回转窑处理铅炉渣的主要缺点是：窑壁黏结造成窑龄短、耐火材料消耗大，由于处理冷态固体原料，故燃料消耗较大、成本较高，随着烟化炉在铅炉渣烟化处理中的广泛应用，使用回转窑处理炼铅炉渣的工厂数量已不多。

5.4　电炉法处理炼铅炉渣

电炉法处理炼铅炉渣的实质就是往电炉内的熔渣中加入焦炭，使 ZnO 等还原为金属并挥发，随后再将锌蒸气冷凝成金属锌，而铜等金属则部分进入铜锍中回收。电炉法处理炼铅炉渣于1942年率先在美国赫尔库拉纽炼铅厂（Herculaneum Lead Plant）使用。

日本神冈炼铅厂曾用电热蒸馏法处理含铅3%、含锌16.2%的炼铅鼓风炉炉渣，采用的工艺流程如图5-1所示。

电炉功率为1650kV·A，炼铅鼓风炉渣以液态形式加入，并加入干焦炭粒，在电炉内进行还原蒸馏。蒸馏气体中含有50%的锌，其余大部分为CO，蒸馏气体进入飞溅的冷凝器后冷凝，产出液态金属锌，冷凝器排出的废气用洗涤塔洗涤，回收蓝粉后燃烧排放。神冈炼铅厂电热法处理炼铅鼓风炉炉渣的能力为 33kt/a，铅的回收率为 83.5%，锌的回收率为 70%，每产 1t 锌的电力消耗为 6500kW·h，焦炭消耗为 304kg。

日本的契岛铅冶炼厂也使用电炉法处理含锌 18.2% 的炉渣，可将其含锌量降为 6.5%。

加拿大诺兰达（Noranda）公司的伯列顿（Bellednne）冶炼厂曾采用直流电弧炉处理含锌为 16% 的高锌炉渣，试验中采用了 CaO:SiO₂ 值比较高的炉渣，操作温度为 1400~1500℃，此时弃渣中的含锌量很容易降到 3% 以下。

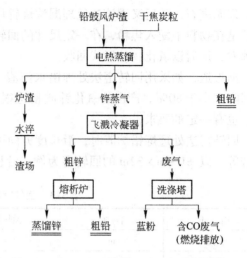

图 5-1　电炉法处理炼铅炉渣流程

5.5　烟化法处理炼铅炉渣

5.5.1　工艺过程

烟化法处理炼铅炉渣的实质为物料的还原挥发过程。在烟化反应中，包括炭的燃烧反应，炉渣和冷料的熔化以及金属氧化物的还原反应，炉渣中锌等有价金属以氧化物烟尘的形式挥发回收等过程。

烟化炉烟化法属于熔池熔炼。在该反应体系中，液态铅锌炉渣为连续相，煤颗粒和空气气泡为分散相，夹带煤粒的空气气泡在熔渣中呈高度分散状。由于鼓入熔池的气体使高温熔体发生了强烈的搅动，因此强化了气-液-固相之间的传质传热过程，加速了燃料的燃烧和金属氧化物的还原反应和挥发过程。图 5-2 所示是烟化炉内气泡与熔渣反应模型。

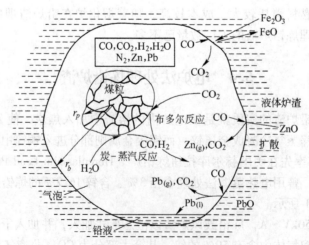

图 5-2　烟化炉内气泡与熔渣反应模型

烟化炉烟化法为周期性作业，其中还原吹炼的时间占整个生产周期的 60% ~ 70%。粉煤在整个熔炼工艺中起还原剂和发热剂双重作用。烟化炉熔炼的工艺过程大致可分为加料、熔化升温、还原熔炼、放渣水淬 4 个步骤。

（1）加料。烟化炉加料方式一般采用间断加料，可以直接处理熔融炉渣，有时也可按比例添加部分冷料和熔剂。

（2）熔化升温。将待处理的含锌、铅等有价金属的鼓风炉熔融炉渣以及冷料加入高温的烟化炉吹炼池底部，升高烟化炉内温度，待熔池底部物料熔化后，从吹炼池两侧相对布置的风嘴中鼓入一次空气。一次空气携带粉煤吹入熔池底部，从风口喷射入熔池的粉煤与二次空气混合，由于喷吹作用使空气与粉煤混合十分充分，粉煤与空气的混合物在高温熔体的加热下着火、燃烧、放热，促使熔池温度进一步升高。加热熔化熔池上部固体炉料，随着烟化炉内温度迅速上升，炉内物料熔化后全部进入熔池，同时由于风嘴在烟化炉两侧的相对布置，产生强烈对流效果，使熔池内物料上下翻腾，达到搅拌均匀的目的，此时烟化炉内温度一般可达到 1200 ~ 1300℃。

（3）还原熔炼。烟化炉内物料完全熔化且升温到冶炼工艺要求的温度时，合理减少粉煤和空气混合射流中的空气量，使部分粉煤燃烧放热，维持熔体在还原反应中所需的高温。另外，随着鼓风量的减少，使烟化炉内气氛呈强还原性，还原性燃烧气流及浸没在熔体中的高温炭粒与熔体发生强烈搅拌，充分接触反应后，使鼓风炉炉渣中的铅、锌由氧化物还原成铅、锌蒸气。低熔点的气态铅、锌单质随烟气上升进入炉膛上部空间和烟道系统，在即将离开烟化炉时，被专门补入的空气（三次空气）或炉气再次氧化成 PbO 或 ZnO 颗粒，这些小颗粒悬浮在烟气中，最后被捕集于收尘设备内。炉渣中的铅也有可能以 PbO 或 PbS 的形式挥发，锡则被还原成锡及 SnO 或硫化为 SnS 挥发，锡和 SnS 在炉子上部空间再次氧化成 SnO_2，此外，铟、镉及部分锗也挥发，并随 ZnO 一起被捕集回收。

（4）放渣水淬。烟化熔炼结束后，从渣口放出部分渣，重新加入物料继续生产。

图 5-3 所示是烟化法处理炼铅炉渣烟化过程示意图。图 5-4 所示是烟化法处理炼铅炉渣的设备连接图。

5.5.2　所用的燃料与还原剂

采用烟化法处理炼铅炉渣时，基本上都采用粉煤作为烟化法熔炼的燃料和还原剂，大多数烟化炉对煤质没有要求。在烟化工艺发展过程中，有采用富氧鼓风和热风等工艺强化手段的报道，在还原剂替代方面也有不少研究。

哈萨克斯坦契姆肯特（Чимкент）炼铅厂在富氧鼓风的工业试验中指出，在提高粉煤用量的同时，需提高空气过剩系数。富氧浓度为 24% ~ 25% 时，ZnO 的产量提高了 47%，锌的回收率由空气吹炼的 73% 提高到 82% ~ 84%，粉煤消耗降低 22%；当富氧浓度为 29.60% 时，生产率提高 85%，燃料节省 34%。

澳大利亚皮里港（Port Pirie）炼铅厂曾采用热风烟化处理鼓风炉炉渣。采用热风可以增加烟化炉内的显热，使反应物的活性增强，因而可以提高燃料的燃烧速度，缩短烟化反应时间。

各种碳质还原剂中，含氢较高的还原剂有利于烟化过程中金属的挥发。天然气和重油无疑可以提高烟化炉的生产率，降低燃烧成本，简化自动控制和改善工作条件。哈萨克斯

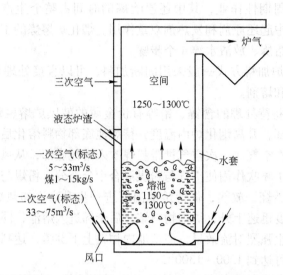

图 5-3　烟化法处理炼铅炉渣烟化过程示意图

注: 熔池(还原)反应:　　　　　　　　　　空间(氧化)反应:

$$ZnO_{(液)} + CO \longrightarrow Zn_{(气)} + CO_2 \qquad\qquad 2CO + O_2 \longrightarrow 2CO_2$$

$$C + O_2 \longrightarrow CO_2 \qquad\qquad\qquad\qquad\qquad Zn_{(气)} + 1/2O_2 \longrightarrow ZnO_{(固)}$$

$$C + CO_2 \longrightarrow 2CO \qquad\qquad\qquad\qquad\quad Pb_{(气)} + 1/2O_2 \longrightarrow PbO_{(固)}$$

$$PbO_{(液)} + CO \longrightarrow Pb_{(气,液)} + CO_2 \qquad PbS_{(固)} + 3/2O_2 \longrightarrow PbO_{(固)} + SO_2$$

$$PbS_{(液)},\ PbO_{(液)} \xrightarrow{挥发} PbS_{(气)},\ PbO_{(气)}$$

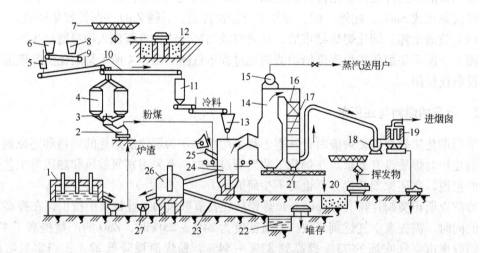

图 5-4　烟化法处理炼铅炉渣设备连接图

1—电热前床; 2—中速磨煤机; 3—刮板给料机; 4—粉煤仓; 5—破碎机; 6—料斗; 7—吊车;
8, 11—渣斗; 9—带式给料机; 10—运输皮带; 12—料场; 13—冷料料斗; 14—余热锅炉;
15—汽包; 16—空气预热器; 17—省煤器; 18—排风机; 19—布袋器; 20—ZnO 粉储槽;
21—螺旋运输机; 22—弃渣储池; 23—弃渣储槽; 24—烟化炉;
25—倒渣斗; 26—弃渣的沉清电炉; 27—渣仓

坦契姆肯特（Чимкент）炼铅厂在 1975 年首先采用天然气的成套烟化设备，保加利亚普罗夫迪夫（Plovdiv）铅锌厂为了降低粉煤消耗，曾采用重油替代粉煤，实现了连续吹炼。

我国的烟化炉，多采用粉煤作为燃料。粉煤的燃烧贯穿于整个烟化过程中。粉煤除了作为燃料本身参加氧化（燃烧）反应外，还作为还原剂（产生 CO）参加金属氧化物的还原反应。燃烧过程不仅发生在烟化炉上部空间中，还在熔池内部进行。

粉煤的燃烧过程可分为浸没燃烧、延续燃烧和二次燃烧 3 个阶段。

（1）浸没燃烧。一次空气携带的粉煤在加压和均匀化作用下，从喷口高速进入熔池。在溶池内 $1200 \sim 1300\,^{\circ}\mathrm{C}$ 的高温下，混合喷口的二次空气迅速升温着火，着火的燃料射流在熔池中燃烧形成浸没火焰，该火焰在熔体浮力作用下产生轻微飘浮。浸没燃烧放出的热量提高了整个熔池的温度，同时相对布置的喷嘴喷出高速、着火的燃烧气流，其引射作用引起熔体浅层两股熔液的对流，形成熔体的搅拌，使熔体与粉煤火焰接触面剧增。

在还原熔炼期内，浸没燃烧是在空气供给不足的条件下进行的，因此产生大量的 CO，为冶炼过程提供了还原剂。

（2）延续燃烧。浸没燃烧阶段鼓入熔池中的空气速度很快，供入的助燃空气不能完全满足燃烧的需要，同时，由于鼓入熔池中的空气速度很快，以至于有一部分射流中的空气没有充分助燃就离开了熔池，因而熔池面既含有 CO 又含有少量 O_2。进入炉膛后，参加还原反应剩余的 CO 还会继续被氧化。这种在没有追加助燃空气的情况下，燃气在熔池面上继续燃烧的过程称为延续燃烧。

延续燃烧是粉煤浸没燃烧的延续，由于有延续燃烧的存在，烟气从熔池面到炉顶，即使有炉壁水套吸热，其温度的下降也是非常缓慢的。延续燃烧过程发生在熔池面与三次风口之间的炉膛内，包括不可避免地从侧部加料口吸入的空气参与的燃烧，这时的燃烧也算作延续燃烧的一部分。

（3）二次燃烧。由于冶炼工艺要求很强的还原性气氛，延续燃烧阶段未能把炉气中的 CO 及炭粒燃烧完全，也不能把被还原出的金属蒸气完全氧化，因此需要从炉顶吸入三次空气，进行二次燃烧，以保证产品氧化锌烟尘的质量，同时减少 CO 对大气的污染。二次燃烧阶段，由于助燃空气过量，燃烧是充分完全的，并放出大量的热。

5.5.3 产物

烟化法处理炼铅炉渣的产物主要包括烟气和弃渣。烟气的主要成分为铅、锌等氧化物以及少量稀有元素，应根据其特性，确定不同的工艺流程回收其中的有价金属。对于弃渣，也可以变废为利，实现综合利用。

5.5.3.1 烟气的回收

烟气是炼铅炉渣烟化处理的主要产物。烟化法高温烟气经淋水冷却器冷却，进入表面冷却器，烟气温度小于 $100\,^{\circ}\mathrm{C}$ 后进入布袋收尘系统，废气通过滤袋后直接排入大气。

烟尘中的主要成分是氧化锌，受原料成分、烟化炉和收尘设备的影响，不同集尘点的氧化锌成分差异较大，而且外观颜色也很明显。氧化锌粉可以直接外销或按一定比例与锌浸出渣挥发窑产出的氧化锌混合，经脱氟、脱氯后送往湿法炼锌工厂生产金属锌并回收其他的稀有金属。

5.5.3.2　烟化炉弃渣利用

采用烟化法处理炼铅炉渣，一般烟化炉弃渣的化学成分见表5-5。

表 5-5　烟化炉的弃渣成分　　　　　（质量分数/%）

厂　　　名	Pb	Zn	Ge	Fe	SiO_2	CaO	Al_2O_3	MgO
会泽铅锌矿	0.09	1.49	0.00062	24.7	34	16.4	8.2	5.36
株洲冶炼厂	0.12	1.92	0.00070	28.67	27	20.8	7.0	1.09
韶关冶炼厂	0.15	1.35	<0.001	29.0	26	21.22	6~7	
Trail厂（加拿大）	0.05	2.5						
Pirie港厂（澳大利亚）	0.03	2.8		27.6	28	18.2		
Kellog厂（美国）	0.05	1.4		34.2	28			

随着国家对环境要求的日益提高，需要对烟化炉弃渣进行无害化处理。普通的硅酸盐水泥原料约含60%~65% CaO、20% SiO_2、6% Al_2O_3、3% Fe_2O_3以及少量的其他氧化物。水泥生产过程中，原料在1500℃左右的高温下经固相反应生成3CaO·SiO_2、β-2 CaO·SiO_2、3 CaO·Al_2O_3和4CaO·Al_2O_3·Fe_2O_3等矿物，3CaO·SiO_2和β-2CaO·SiO_2是影响水泥强度的主要原料。经烟化处理后的烟化炉渣含有水泥熟料的多种组成，可作为外掺料替代部分水泥原料，也能够作为矿化剂促成3CaO·SiO_2的形成。用弃渣代替铁矿石来制造水泥，不仅消除了渣害，减少环境污染，而且还可降低成本。

5.5.4　余热利用及自动化控制

在烟化炉的余热利用方面，我国学者做了大量的研究，较早采用的是沸腾炉余热锅炉。

1998年9月，韶关冶炼厂为回收其烟化工艺过程中产生的高温烟气物理热同时改善烟化吹炼技术，对其8m^2烟化炉、余热锅炉进行一体化研制。设计中采用了特殊材料和迷宫式膨胀结构，解决了锅炉受热面的金属结构纵向和横向的热膨胀问题，采用RMC20型、RMS20型水夹套刮板机，同时根据烟化炉的烟尘和沉降规律，选择了不同的清灰装置。在多种清灰措施的联合作用下，有效清除了锅炉的积灰积尘，确保了炉子的正常运行，大大降低了工人的劳动强度，改善了劳动环境。

在烟化炉系统的自动化控制方面，曾对烟化炉给煤系统进行了研究，开发出综合控制系统。综合控制系统工作时，首先根据每炉的进料情况（所加热料和冷料数量、前炉留下的炉渣量、原料特性等）和进料时间等，由专家的吹炼经验确定开炉吹炼方案。同时，系统将根据烟化炉实测炉温、风量、煤量和开炉时间判断炉内还原气氛，根据烟化炉不同的工作过程，通过模糊控制器自动修正加煤和减煤，再通过信号合成器将增减煤量和专家的吹炼经验合成、量化，最终形成对给煤量的控制信号，以此来控制烟化炉的炉内还原气氛。

长期以来，在烟化炉生产中主要依靠操作工人观察烟化炉三次风口的火焰来判断当前炉内的温度和挥发情况，特别是吹炼终点判断，更是依赖于三次风口的火焰。目前，利用数码相机拍摄三次风口火焰的图像，再通过图像的预处理，编程截取感兴趣的部分（风口部分）。通过 RGB 三基色处理、二值化处理、颜色空间的转换、纹理分析等方法，对三次风口火焰图像进行处理，寻找到烟化炉吹炼三次风口的火焰图像特征，为烟化炉吹炼终点的判断提供了新的途径。

5.5.5 处理过程的影响因素

影响烟化法处理炼铅炉渣的因素很多，如烟化的温度和烟化时间、还原剂的种类和数量、鼓风强度和空气过剩系数的数值、炼铅炉渣中的金属含量及炉渣成分、吹炼时间的长短、熔池的深度以及预热空气、富氧空气等强化措施，将在后面的章节中作详细讨论。图 5-5 所示为吹炼时间与烟化渣中铅、锌的含量关系。图 5-6 所示为处理含锌 12% 的炼铅渣时，锌的挥发率与温度和吹炼时间的关系。图 5-7 所示为处理含铅 2.5% 的炼铅渣时，铅的挥发率与温度和吹炼时间的关系。

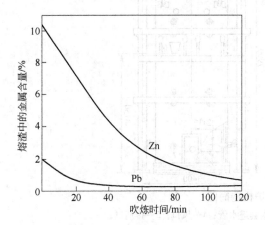

图 5-5　吹炼时间和烟化渣中铅、锌的含量关系

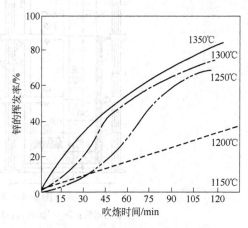

图 5-6　锌的挥发率与温度和吹炼时间的关系
（处理含锌 12% 的炼铅渣）

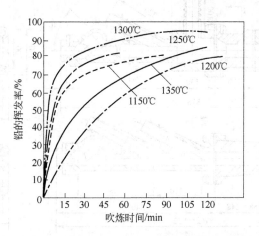

图 5-7　铅的挥发率与温度和吹炼时间的关系
（处理含铅 2.5% 的炼铅渣）

5.5.6　处理炼铅炉渣的烟化炉及风口结构

风口由三部分组成：前部风嘴头用镍铬钢制成；中部为连接管，一般由陶瓷、铸石或铸铁等耐磨材料制成；后部是风煤混合器，有两根支管，其中一根靠近水套的进风管送入粉煤和一次风，另一根送入二次风，一次风和二次风混合后进入熔池内。一次风约占总风量的 30% ~ 40%，其余为二次风。为防止粉煤外逸，二次风压要比一次风压高。炉子前端底层水套设有 1~2 个放渣口，炉顶为水平式。图 5-8 和图 5-9 所示分别是烟化炉构造简图和风口结构图。

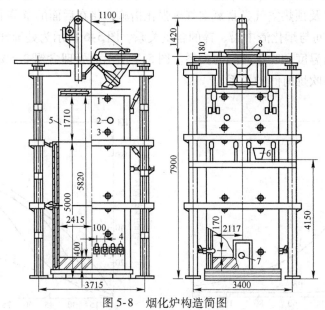

图 5-8　烟化炉构造简图

1—水套出水管；2—三次风口；3—水套进水管；4—风口；5—排烟口；
6—熔渣加入口；7—放渣口；8—冷料加入口

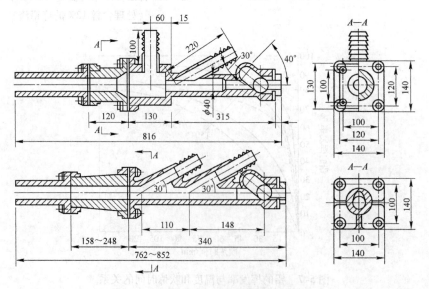

图 5-9　风口结构

5.5.7 处理炼铅炉渣烟化炉的技术条件和主要指标

采用烟化炉处理不同的炼铅炉渣时，有不同的烟化炉技术条件。某厂烟化炉的技术条件控制如下：

（1）作业温度为 1200～1250℃；

（2）作业周期为 70～110min/炉；

（3）空气过剩系数（α）值：加热期 0.75～1.0，还原期 0.55～0.7；

（4）燃料率：处理液体渣时为 15%～25%，处理固体渣时为 30%～50%；

（5）鼓风压力：吹炼期为 50～70kPa，进料时为 40～42kPa；

（6）风比为：一次风/二次风 = 3/7～4/6；

（7）粉煤消耗量：加热期为 0.6～1.6kg/（$t_{渣}$·min），还原期为 0.9～2.0kg/（$t_{渣}$·min）；

（8）空气消耗：加热期为 5～8m^3/kg煤，还原期为 3.8～6.8m^3/kg煤；

（9）水套出水温度：炉体水套为 60～80℃；烟道水套为 50～60℃，炉底水套为 40～50℃；

（10）冲渣水压：2～3kg/cm^2；

（11）冷料率：正常情况为 10%～25%。

烟化法处理炼铅炉渣时的经济技术指标主要指炼铅炉渣烟化处理时，锌、铅等金属的挥发率、其他一些金属的挥发率、烟化炉的处理能力以及原、燃材料等的消耗指标。国内外一些铅锌厂，采用烟化法处理炼铅炉渣时的主要经济技术指标见表5-6。

表5-6 炼铅炉渣烟化处理时的主要经济技术指标

指 标		株洲冶炼厂	特累尔厂（加拿大）	克洛格厂（美国）	契瓦瓦厂（墨西哥）
烟化炉截面积/m^2		7.0	22.3	11	15.4
单位处理炉渣量/t·（m^2·d）$^{-1}$		30～35	22～26	45.5	41
每周期处理渣量/t		22～27	60	38	45
燃料率/%		20～23	29	17.5	17.2
吨渣空气消耗（标态）/m^3		1100～1200	1300	1020	560
金属挥发率/%	Zn	75～85	86.5	92.8～93.5	90～92
	Pb	85～95	99	98	
初渣成分（质量分数）/%	Zn	11.7	18	15～22	
	Pb	2.02	2.5	1.8	
终渣成分（质量分数）/%	Zn	1.92	2.9	1.4	
	Pb	0.12	0.03	0.05	
氧化锌烟尘/%	产率	10～15	29	23	
	含Zn	55～62	60～70	63	
	含Pb	11～13	9	10	

复习思考题

5-1　炼铅炉渣主要来源于哪几个方面?

5-2　回转窑法处理炼铅炉渣的原理和优缺点是什么?

5-3　电炉法处理炼铅炉渣的原理是什么?

5-4　烟化法处理炼铅炉渣的原理是什么?

6　含锗鼓风炉炼铅炉渣的烟化法处理

6.1　概　　述

锗（Ge）属于稀散金属。锗是在 1886 年由德国化学家温克莱尔（C. A. Winkler）在分析由德国弗莱堡矿业学院教授温斯巴哈（Albin Weisbach）提供的含银矿石（硫银锗矿）中发现的。但实际上，早在 1872 年，俄国著名化学家 Д. И. 门捷列夫，在研究他的元素周期表的特性时，就预感到在硅与锡之间，还应该存在一个"类硅"的元素。温克莱尔在从该含银矿石中分离出这一类似非金属的元素后，敏锐地认为，这个元素就是门捷列夫所预言的"类硅"，为了纪念他的祖国—德国（German），温克莱尔将其取名为锗（Germanium）。

温克莱尔发现了锗，是科学发展过程中极为重要的事件，在人类自然科学发展史上具有深远的意义和影响。因为锗的发现及其后续在各领域的广泛应用，不但证明了锗对人类发展的重要性，而且在当时，锗的发现直接验证了门捷列夫提出的"类硅"元素的存在，证明了元素周期表的准确性和可靠性。

1886 年以后，由于硫银锗矿资源非常少且未发现新的锗资源，严重限制了锗的发展和应用，其研究工作几乎停止和瘫痪。直到 1920 年，在西南非洲的楚梅布发现了一种含锗的新矿物——锗石（含锗约 8%）后，锗的研究才得以顺利开展。

实际上，锗金属的应用是随着半导体工业的发展而发展起来的。1921 年，制成了锗检波器。1941 年，第一家生产二氧化锗的工厂——易格皮切工业公司在美国迈阿密建立，该公司对从铅、锌冶炼过程中回收锗进行了系统的研究，同年生产出纯度为 99.9% 的二氧化锗。1948 年，利用电阻率为 $10 \sim 20 \, \Omega \cdot cm$ 的高纯金属锗制备出了世界上第一只非点接触的晶体管放大器——锗晶体管。1950 年，帝尔和理特用乔赫拉斯基法培育出了世界上第一根锗单晶。1952 年，美国人浦芳发明了区熔提纯技术，并将该技术首先应用在锗的提纯上。20 世纪 50 年代末至 60 年代末的 10 年间，是锗的生产技术、产品质量、用量迅速发展的时期。例如，在质量上：1956 年，还原锗的电阻率为 $7 \Omega \cdot cm$，区熔锗为 $30 \sim 40 \Omega \cdot cm$，到了 1958 年，还原锗的电阻率在 $20 \Omega \cdot cm$ 以上，区熔锗达到 $50 \Omega \cdot cm$，高纯锗单晶的少数载流子寿命突破 $1500 \mu s$，并且生长出了无位错锗单晶；在产量上：美国锗的消耗量，从 1958 年的 11t 增加到 1965 年的 23t。

6.2　锗的主要用途

20 世纪 60 年代前后，锗在半导体器件领域占主导地位，但 20 世纪 70 年代以后，锗的用量有所下降。这主要是由于半导体硅生产技术的不断进步以及大规模集成电路的出现，硅器件逐步代替了锗器件，使锗器件从 20 世纪 60 年代占总用量的 90% 下降到 20 世纪80年代仅占总用量的20%左右。尽管如此,由于锗在红外、光纤、催化剂、医药、食品等领域应用的不断拓宽,锗仍然保持着一定的消耗量。图6-1所示为锗产品的产业链发展。

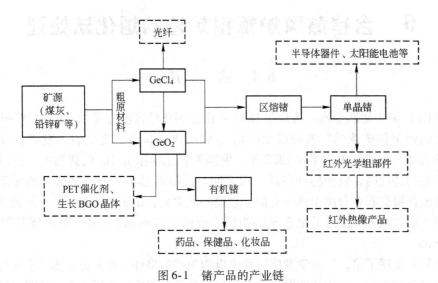

图6-1　锗产品的产业链

长期以来,锗主要用于制造半导体器件、光导纤维、红外光学元器件(军用)、太阳能电池(主要是卫星用)等,其主要应用领域如下。

6.2.1　锗在电子工业领域中的应用

在电子工业中,半导体领域大量使用锗。自1948年制造出第一只锗晶体管至20世纪60年代末期,95%以上的锗都用于制造半导体器件。20世纪70年代,半导体领域仍然是锗的最大消耗领域,但进入20世纪80年代,半导体耗锗大大下降。1984年,西方国家在电子工业中的锗使用量只占其总消耗量的5%左右,就连锗消耗量最大的美国,近年来用于该领域的锗也仅占7%左右。尽管锗在电子工业领域的消耗比例还会减少,但由于锗器件具有其他器件所无法比拟的优越性,例如锗管除了具有非常小的饱和电阻以外,还具有几乎无热辐射、功耗极小等优点,在某些器件应用方面依然是其他材料所无法代替的,因而锗在该领域的消耗总量将不会继续大量下降。

美国GDP公司通过锗管与硅管及其他器件的性能对比研究以及实际应用情况调查,得出结论:在大功率器件中,硅管无法击败锗晶体管。由于锗晶体管超群的低导通电压特性及小电流驱动特性,故对于使用干电池的仪器,锗管仍是最佳产品。

制备整流及提升电压的二极管、混频、功率放大与直流交换三极管、光电池和热电效应元件,特别是高频与大功率器件等都非锗莫属。锗在半导体工业中将还有一席之地,不会被硅全部代替。

6.2.2　锗在红外光学领域中的应用

锗材料是制作红外器件的最重要的原料。红外器件被广泛应用于军事、工农业生产中。红外技术是军事遥感科学和空间科学的重要手段,红外器件被普遍应用在红外侦察、红外通信、红外夜视、红外雷达和炸弹、导弹的红外制导，以及各种军事目标的搜索、探视、监视、跟踪等，尤其是红外热成像（利用物体本身自然辐射的红外光转变为可见图像）扩展了人们的视野。采用红外热成像技术，士兵可以在黑夜或烟雾中寻找目标，在黑夜中瞄准射击飞机、军舰、坦克等军事装置，红外热成像仪已成为不可缺少的现代军事装备之一。在民用工业中，红外器件被广泛用作各种红外系统的透镜、窗口、棱镜、滤光片、导流罩等，可用作导航与灾害报警、火车车轮测温、医疗检测、治病等。

在第二次世界大战期间，锗的检波特性被发现后，即被英国军方用于雷达检波器和放大器以增强防空预警和目标识别能力，大大增强了英国防空力量。在此之前，往往是夜袭敌机飞临头上时才手忙脚乱地打开探照灯搜索目标，目标还未找到，探照灯倒成了敌机打击目标。有了雷达装备后，使预警、目标识别和打击准备的工作形成一体，敌机一来就集中探照灯和高炮对付。

锗的应用重点转移到红外光学领域始于 20 世纪 80 年代。由于锗的电子迁移率和空闪迁移率高于硅，饱和电阻和功耗非常小，几乎无热辐射，在高速开关电路方面的性能优于硅，并且锗的电阻率对温度变化特别敏感，当温度升高时锗电阻率下降，而温度下降时锗电阻率上升。因此，锗红外探测器可测出摄氏万分之五度范围的温度变化。利用锗红外探测器，能观察到 1km 以外人体发出的红外线反射波。

由于锗具有高透过率和高折射系数的特性，可通过 $2 \sim 15 \mu m$ 红外线，并具有低温度系数、低色散，抗大气氧化、抗潮湿气体、抗化学腐蚀的功能，可制成高纯度、高强度又易于加工抛光的晶体或镜片。因此，锗最适合作为红外窗口、三棱镜、滤光片和红外光学透镜材料而被广泛用于各种红外传感器（包括压力、磁力、温度和放射线探测）、红外高能化学激光器、热成像仪、夜间监视器和目标识别装置等。

在 20 世纪 90 年代的海湾战争中，美国就凭借各种先进的红外探测器和技术，不仅掌握了对伊拉克作战的制空权、制海权和地面作战主动权，还发现了伊方地面伪装及沙漠和地下掩蔽的武器装备和人员，并给以有选择的打击。在海湾战争中，锗在红外光学的应用又一次大出风头。可以预料，未来锗在红外光学领域的应用趋势必将进一步扩大。

6.2.3 锗在光纤通信领域中的应用

光纤通信是信息时代的基础。光纤通信具有容量大、频带宽、抗干扰、保密性和可靠性强、稳定性好、损耗低以及体积小、重量轻、成本低、中继距离长等综合优点，已成为世界各国重点发展的通信技术。

自 1973 年以来，为适应光纤生产的要求，在锗产品中开发出了纤维光学级 $GeCl_4$。生产石英（SiO_2）光纤的过程中掺入 $GeCl_4$，它可转变为 GeO_2，由于以锗代硅，使传输光向更长的波长（$0.8 \sim 1.6 \mu m$）区扩展（对长距离通话极为有利）。同时它还能将信号限制在纤芯之内，防止了信号损失，使光信号传输 100km 而不必放大，因此在长距离电话线路、数据传输线路及局部地区网络中被广泛采用。

1993 年，美国提出了"信息高速公路"计划。1995 年，欧盟各国也随之推行。"信息高速公路"计划预示着信息时代的到来，也意味着一场争夺信息控制权的无硝烟的战争的开始。光纤通信作为重要的获取信息的渠道，正以前所未有的速度获得飞速发展。日本以发展单模光纤为主，其用锗量虽仅为多模光纤的 1/6 ~1/5，但光纤的产量巨大，已

达到 2×10^7 km 的量级。陆上和海洋光缆建设的高速发展，使许多国家加快了光纤到户建设。美国有 6 家公司计划投资数百亿美元建设光缆网，到 2000 年，光缆网已连接 1500 多万个家庭。德国已用光纤连通了 120 万用户，英国也有 30 万用户进入光纤网。锗在光纤的应用是其他长波光纤材料无法替代的，锗是具有战略性质的光信息材料。

20 世纪 80 年代末期，美国的光纤产量达 6×10^6 km，5 年期间增长了 12 倍。1995 年，日本国内光导纤维的货运量约为 4.9×10^6 km，比 1994 年增加了 38%。据我国有关部门和研究机构数据，"八五"末期，我国年产光纤量为 1.5×10^6 km，"九五"末期已达到 3×10^6 km。

光纤用 $GeCl_4$ 的耗锗量占世界耗锗总量的 20% ~30%，据不完全统计，每年我国 $GeCl_4$ 的消耗量在 8 ~10t 左右，约 95% 的光纤用 $GeCl_4$ 依靠进口。

6.2.4 锗在化工、轻工领域的应用

聚酯（主要指 PET）生产过程中，催化剂作为最重要的添加物，对工艺过程、产品质量及后续加工有重要影响。

目前，国内 PET 生产厂家一般都采用锑制品（如三氧化二锑、醋酸锑、乙二醇锑等）作为催化剂。这些锑制品催化剂具有相当的活性，而且价廉易得，但是，这些催化剂所含的锑在进行催化反应后，都残留在 PET 中，PET 制品或其容器内的物品（如内衣或 PET 瓶中的饮料和食品等）若与人体接触，其中的锑如被摄入人体后，一般很难排出，会在体内积累，对健康不利。

日本已禁止含锑化合物用于和食品接触的瓶级 PET 中，韩国已限定瓶级 PET 中的锑含量在 200×10^{-6} 以下，这就促使有关 PET 催化剂生产厂商纷纷开发无锑催化剂，锗系催化剂应运而生。

英国 Meldform 锗公司于 20 世纪 90 年代研制出 GeO_2 粉末和其他用于 PET 生产的锗系催化剂。2002 年，该公司对锗系催化剂作了重大改进，即向标准的锗催化剂中加入不同配方的促进剂，使得新型锗催化剂的活性提高，制得的 PET 色相得到改善。

锗系催化剂的特点是活性高、安全无毒、耐热耐压、对人体无害、透明度高且具有光泽、气密性好，生产出的 PET 色相好，特别适用于生产薄膜和透明度要求较高的 PET。目前国内外在化工领域的耗锗量已达到每年 20t 以上。

6.2.5 锗在食品领域中的应用

近年来研究发现，野生灵芝、野生山参中含锗量分别高达 2000×10^{-6}（%）和 4000×10^{-6}（%）。锗的生物活性和它在人体中所起的特殊医疗保健作用，引起了世界各国化学家、药理学家及营养学家的极大兴趣和关注。有机锗被冠以"人类疾病的克星"、"21 世纪救命锗"、"21 世纪生命的源泉"、"震动世界的新星"、"人类健康的卫士"、"人类的护肤神"等美名。

有机锗化合物的医疗和保健作用主要体现在以下几个方面：

（1）抗癌作用。有机锗化合物具有抗癌性广、毒性小等优点，在防癌抗癌及其辅助化疗方面具有很好的发展前途。

Ⅰ期和Ⅱ期临床研究表明，有机锗氧化物对胃癌、肺癌、子宫癌、乳腺癌、前列腺

癌、多发性骨髓瘤等有一定疗效，且副作用较小。对恶性淋巴瘤、卵巢癌、大肠癌、子宫颈癌、前列腺癌及黑色素瘤等有一定疗效，它能阻止癌细胞的蛋白质、DNA 和 RNA 的合成。

（2）抗衰老作用。近年来研究表明，老年人的机体抗氧化能力显著下降，超氧化物歧化酶活性较中年人和青年人低，而脂质过氧化产物数量增加，生物膜中一些重要酶活性有所降低。自由基和脂质过氧化反应的终产物，如细胞毒性醛类在体内的堆积将导致组织细胞的不可逆损害，因此阻断自由基和脂质过氧化连锁反应的进行和提高机体的抗氧化能力，有益于延缓衰老过程。

Ge-132 有助于提高老年人的超氧化物歧化酶（SOD）活性，减少脂质过氧化最终产物丙二醛的产生，因而具有一定的抗衰老作用。

（3）免疫调节作用。动物实验和临床研究表明，Ge-132 能诱导产生干扰素，活化 NK 细胞（自然杀伤细胞）以及增强巨噬细胞的吞噬功能，因此提高了机体的免疫调节作用，在消除突变细胞，防止发生癌变，提高机体免疫能力方面发挥了重要的作用。

（4）携氧功能。有机锗含多个锗氧键，因此氧化脱氢能力很强。当有机锗进入机体后，与血红蛋白结合，附于红细胞上，以保证细胞的有氧代谢。有机锗中的氧化还原能和体内代谢产物中的氢结合排出体外。此外，有机锗还能够增加组织氧分压和供氧能力。

（5）抗疟作用。实验研究表明，"螺锗"能抑制 H 标记的次黄嘌呤掺入疟原虫，对恶性疟原虫氯喹抗药株和敏感株都有抑制作用。"螺锗"除作为有前途的抗疟新药外，对了解疟原虫抗药性产生也有一定的意义。

（6）其他。临床研究表明，有机锗化合物对脑血管疾病、高血压、老年骨质疏松症等疾病均有一定的预防和治疗作用，同时还具有抗病毒、抑菌、杀菌和消炎作用。

6.2.6　锗用于制备锗系合金

6.2.6.1　锗酸铋

锗酸铋是一个用量或市场正在增长的产品。锗酸铋是 GeO_2 与 Bi_2O_2 共熔所生成的复合氧化物（$Bi_4Ge_3O_{12}$），简称 BGO。目前国外已能生长直径大于 125mm、长 230mm 的 BGO 单晶和掺杂 NaI 与 $CdWO_4$ 等的闪烁晶体。它们的主要优点是吸收高、密度大、阻挡高能射线能力强、分辨率高，因而特别适合于高能粒子和高能射线的探测。近年来，BGO 晶体在医学领域的 CT 扫描，正电子层析摄影术及 X 射线成像等方面用量日增。此外，在核物理、高能物理、地球物理勘测、油井测量等方面也有广泛应用。目前，BGO 晶体主要应用于高能物理和核医学成像（PET）装置。西欧核子研究中心（CERN）建造的大型正负电子对撞机的 L3 电磁量能器中 BGO 晶体的用量高达 12000 根（每根 1.5m）。在医学成像方面，BGO 晶体已经占领了整个 PET 市场的 50% 以上。

上海硅酸盐研究所采用改进的多坩埚下降法生长技术成功生长了高质量的大尺寸 BGO 晶体，实现了 BGO 晶体的产业化，在国际上获得了相当高的声誉。多年来，上海硅酸盐研究所向国际上多家高能物理研究机构提供了大量的 BGO 晶体，其中包括西欧核子研究中心的 L3 实验所用的 12000 根晶体。近几年来上海硅酸盐所又向 GE 公司等 PET 制造商大量提供 BGO 晶体，创汇数亿美元。

6.2.6.2 硅锗晶体管

IBM 公司采用硅锗（SiGe）工艺技术研制成功全球速度最快的新型高速晶体管，适应更广泛的应用领域。其硅锗晶体管传输频率达 350 GHz，速度比现有的器件快 3 倍。该晶体管的性能也超过了其他化合物半导体，如砷化镓（GaAs）和磷化铟（InP）等。

IBM 公司开发的硅锗晶体管为一种"构建模块"，能用于开发新一级的通信芯片，工作频率超过 150 GHz。该晶体管能应用于更广泛的领域，如汽车雷达碰撞系统、高性能局域网等。近年来，有几家 IC 制造商已进入了硅锗市场，如杰尔系统（Agere Systems）、Atmel、科胜讯（Conexant）、英飞凌（Infineon）、美信（Maxim）、摩托罗拉（Motorola）、SiGeSemiconductor、德州仪器（TI）等公司。据预测，硅锗市场销售额将由 2001 年的 3.2 亿美元增长到 2006 年的约 27 亿美元。

硅锗合金可制成热电元件用于军事领域。锗/硅应变超晶格是一种新型的Ⅳ族半导体超晶格材料，它在工艺上可以与成熟的硅集成工艺相容，在光电子器件，特别是光电探测器、红外探测器、异质结双极晶体管等方面有新的应用。

锗和贵金属的化合物，如铂锗卤化物可作石油精制方面的催化剂，铂锗作裂化催化剂。锗的有机化合物可作为杀菌剂和抗肿瘤药物。少量的锗与金炼成合金（含金 12% 的锗共晶合金）可用于特殊精铸件，还可以在珠宝玉石工艺品生产中用作金焊料。锗铟合金可用于电阻温度计。锗铜合金可制成电阻压力计，在电子技术中作低温焊料。锗合金还可用作牙科合金。锗在超导、太阳能方面也有一定应用。

6.3 锗及其主要化合物的性质

6.3.1 锗的物理化学性质

锗（Germanium），元素符号为 Ge，是银灰色的元素，极纯的锗（99.999%）在室温下很脆，但在温度高于 600℃（A. H. 泽列克曼认为高于 550℃）时，单晶锗即可以经受塑性变形。锗的物理性质见表 6-1。

在常温下，金属锗与空气、氧或水不起作用，甚至在 500℃ 时锗也基本不氧化，只有当温度高于 600℃ 时，锗才开始氧化，并且随着温度的升高按下列反应进行。

$$Ge + \frac{1}{2}O_2 == GeO$$

$$GeO == GeO（气）$$

$$Ge + O_2 == GeO_2$$

在 800～900℃ 的温度范围内，锗在 CO_2 中可强烈氧化，发生如下化学反应：

$$Ge + CO_2 == GeO + CO$$

600℃ 时，锗开始挥发，并且随温度的升高，挥发增强，锗的挥发速度随温度变化的一些数据见表6-2。图6-2所示是锗的挥发速度与气氛和温度的关系。

表6-1 锗的物理性质

性　质	数　值	性　质	数　值
原子序数	32	线性膨胀系数 (10^{-16}) /K^{-1}	2.3 (100K)
相对原子质量	72.5		5.0 (200K)
晶体结构	立方体		6.0 (300K)
密度 (125℃) /g·cm^{-3}	5.323		
原子密度 (25℃) /g·cm^{-3}	4.416×10^{22}	热导率/W·(m·K)$^{-1}$	232 (100K)
晶格常数 (25℃) /Å	5.6754		96.8 (200K)
表面张力 (熔点下) /N·cm^{-1}	0.0015		
断裂模量/MPa	72.4	熔点/℃	937.4
摩氏硬度	6.3	沸点/℃	2830
泊松比 (125~375K)	0.287	比热容 (25℃) /J·(kg·K)$^{-1}$	322
自然同位素丰度/%	20.4	熔化潜热/J·g^{-1}	466.5
质量数	27.4	蒸发潜热/J·g^{-1}	4602
标准还原电位/V	−0.15	燃烧热/J·g^{-1}	4006
磁敏感性	-0.12×10^{-6}	生成热/J·g^{-1}	738

表6-2 锗的挥发速度与温度的关系

温度/℃	锗的挥发率/g·(cm^2·s)$^{-1}$	温度/℃	锗的挥发率/g·(cm^2·s)$^{-1}$
847	1.45×10^{-7}	1251	1.27×10^{-4}
996	1.41×10^{-6}	1421	1.21×10^{-3}
1112	1.34×10^{-5}	1635	1.41×10^{-2}

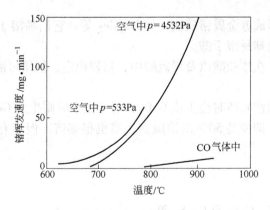

图6-2 锗的挥发速度与气氛和温度的关系

锗在氮气中，当温度高于800℃时，会发生升华。锗的蒸气压随温度的升高而增加，且呈线性关系。在1237~1609℃的温度下，液态锗的蒸气压力随温度的变化数据见表

6-3，关系曲线如图6-3所示。

表6-3　液态锗的蒸气压力随温度的变化数据

温度/℃	蒸气压力/Pa	温度/℃	蒸气压力/Pa
1237	0.1346	1400	1.7862
1254	0.1986	1482	2.4127
1334	0.5785	1493	5.4253
1342	0.6078	1522	11.1172
1372	1.1624	1555	15.4628
1376	1.4396	1609	35.0579

锗的黏度随温度升高而降低。图6-4所示是在940~1250℃的温度范围内，纯锗的黏度与温度的关系曲线。

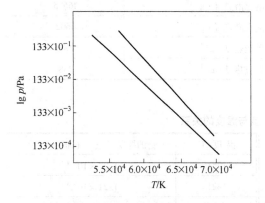
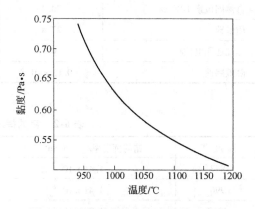

图6-3　锗的蒸气压力与温度的关系曲线　　　图6-4　纯锗的黏度与温度的关系曲线
（不同作者数据）

锗易与碱相熔融形成碱金属锗酸盐，如 Na_2Ge_3 等，它们易溶于水，而其他金属锗酸盐在水中溶解较少，但却易溶于酸。

水对锗不起作用，在浓盐酸以及稀硫酸中，锗较稳定，但锗可溶于热的氢氟酸、王水和浓硫酸。

锗溶于加有硝酸的浓硫酸时会生成 GeO_2，溶于王水时则生成 $GeCl_4$。

锗难溶于碱液中，即使是50%的浓碱液，锗也很难溶，但当有氧化剂参与时，锗则可溶于热碱液中。

6.3.2　锗的硫化物

锗的硫化物有 GeS、GeS_2 及 Ge_2S_3 等。

6.3.2.1　硫化锗

硫化锗（GeS）分为棕色无定形 GeS 和黑色斜方晶系 GeS。在450℃的惰性气氛中，无定形 GeS 可经数小时而转变成晶形 GeS。

GeS 可采用湿法、干法两种方法制备。湿法是在含有两价锗化合物的酸性溶液中通入 H₂S 气体制取。干法是以锗酸盐为原料，首先将其在氮气保护气氛下在 800℃ 预热除砷，然后在 820℃ 时，往锗酸盐粉末中通氨气，可生成 GeS，挥发后在冷凝器内收集。此外，制备 GeS 的其他方法还有 GeS₂ 的氢还原法。该法是将金属锗置于 H₂S 气流中，加热到 850℃，便有 GeS 生成并挥发，挥发物为针状或片状结晶，粉末 GeS 为黑色。

GeS 在 350℃ 时开始氧化形成 GeSO₄，当温度高于 350℃ 时，其最大可能的氧化产物是生成 GeO₂，即：

$$GeS + 2O_2 \Longrightarrow GeSO_4$$
$$GeS + 2O_2 \Longrightarrow GeO_2 + SO_2$$

温度和气氛对 GeS 的挥发有较大的影响。低温和强烈的还原气氛下，GeS 易挥发；800℃，中性气氛下，GeS 挥发较少，仅有 20%；但在 H₂ 或 CO 等还原性气氛下，锗的挥发率可达 90%～98%。GeS 的挥发率与温度及气氛的关系如图 6-5 所示。

GeS 较易溶于稀盐酸，而微溶于硫酸、磷酸和有机酸。

GeS 在热的稀硝酸溶液、过氧化氢水溶液、高锰酸钾、氯和溴中容易很快氧化，GeS 也易溶于碱或硫化物溶液而生成红色溶液。

常温下，GeS 与氯气反应生成 GeCl₄，GeS 在 150℃ 以上能和 HCl 蒸气剧烈反应。

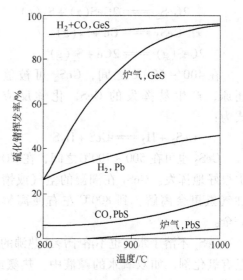

图 6-5 GeS 的挥发率与温度及气氛的关系

结晶状的 GeS 是稳定化合物，即便在热沸的酸或碱中也极少溶解，也难以被氨水、双氧水或盐酸所氧化。但当其呈粉末状时，却不稳定，易溶于热的微碱液中，对此碱液用酸中和后，可生成红色的无定形 GeS 沉淀。

6.3.2.2 二硫化锗

二硫化锗（GeS₂）为一种白色粉末，不稳定，在 420～650℃ 升华，在 700℃ 时约有 15% 的 GeS₂ 离解，生成易挥发的 GeS，化学反应式如下：

$$2GeS_2 \Longrightarrow Ge_2S_3 + \frac{1}{2}S_2 \Longrightarrow 2GeS\uparrow + S_2$$

GeS₂ 也可采用湿法、干法两种方法制备。

GeS₂ 在 260℃ 时，开始发生氧化，当温度高于 350℃ 时，其氧化速度增快，到 450～530℃ 之间，GeS₂ 的氧化速度增加较快，但在 580～630℃ 之间，GeS₂ 的氧化速度减小。然而，当温度高于 635℃ 后，GeS₂ 的氧化速度又重新增大，达到 720℃ 后，约 80% 的 GeS₂ 已被氧化，总的化学反应变化可表述如下：

$$3GeS_2 + 10O_2 \Longrightarrow 2GeO_2 + Ge(SO_4)_2 + 4SO_2$$

在 500～530℃ 之间所形成的 $Ge(SO_4)_2$ 的最大峰值约为 32%，在此前后的温度范围内，几乎不存在 $Ge(SO_4)_2$。当温度高于 667℃ 时，$Ge(SO_4)_2$ 与 GeS_2 和氧发生相互作用而生成 GeO_2，化学反应式如下：

$$GeS_2 + Ge(SO_4)_2 + 2O_2 == 2GeO_2 + 4SO_2$$

GeS_2 在中性气氛中，当温度高于 500℃ 时就明显挥发，在 700～730℃ 时挥发剧烈，图 6-6 所示是气氛和温度对 GeS_2 挥发率的影响情况，从图 6-6 可以看出，如有空气存在，GeS_2 的挥发明显减小。

在 650℃ 的真空或中性气氛中，GeS_2 将发生如下反应：

$$GeS_2 == GeS_2(g)$$
$$2GeS_2 == 2GeS(g) + S_2(g)$$
$$GeS_2 == Ge + S_2(g)$$
$$2GeS(g) == 2Ge + S_2(g)$$

在 400～600℃ 之间，GeS_2 可被氢还原，产生易挥发的 GeS，化学反应式为：

$$GeS_2 + H_2 == GeS + H_2S$$

GeS_2 也可在 500～700℃ 之间，在 CO 中很好地挥发。GeS_2 在潮湿的空气或惰性气氛里会离解，到 800℃ 左右便离解完全。

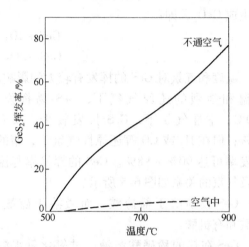

图 6-6　GeS_2 的挥发率与温度及气氛的关系

GeS_2 不溶于水，也不溶于冷或热沸的硫酸、盐酸或硝酸，但 GeS_2 易溶于热碱，尤其是有氧化剂，如双氧水的碱液中。热氨或 $(NH_4)_2S$ 可溶解 GeS_2，并形成相应的亚酞胺锗。

$$GeS_2 + 6NH_3 == Ge(NH)_2 + 2(NH_4)_2S$$
$$2GeS_2 + 3(NH_4)_2S == (NH_4)_6Ge_2S_7$$

6.3.2.3　三硫化二锗

三硫化二锗（Ge_2S_3）为黄褐色的疏松粉末，它由具有许多小孔与缝隙的细晶粒组成。728℃ 时 Ge_2S_3 熔化。Ge_2S_3 是 GeS_2 的离解产物：

$$2GeS_2 == Ge_2S_3 + \frac{1}{2}S_2$$

Ge_2S_3 不溶于所有的酸溶液，其中包括王水和硫化碳，但易溶于氨水或双氧水溶液中。

锗硫化物的主要理化性质见表 6-4。

6.3.3　锗的氧化物

锗的氧化物有 GeO、GeO_2 及其水合物等。

表6-4 锗硫化物的主要理化性质

硫化物名称	颜色	结晶构造	硬度	密度	熔点/℃	沸点/℃
GeS	黑色	斜方	2	3.54~4.01	530~665	650~850
GeS	红棕、棕黄			3.31		
GeS$_2$	白色	斜方	2~2.5	2.70~2.94	800~840	904
Ge$_2$S$_3$	棕黄色				728	

硫化物名称	离解温度/℃	升华温度/℃	氧化温度/℃	还原温度/℃	水中溶解度/%	易溶于
GeS	>600	>350	>300	>800	0.24	(NH$_4$)$_2$S，HNO$_3$，HCl
GeS						HCl，(NH$_4$)$_2$SO$_4$
GeS$_2$	>600	420~720	250	400	0.45	HCl，(NH$_4$)$_2$S
Ge$_2$S$_3$		>650			难溶	(NH$_4$)$_2$S，NH$_3$

6.3.3.1 氧化锗

氧化锗（GeO）为深灰色或黑色粉末，室温下稳定存在。当温度高于550℃时，GeO开始氧化形成GeO$_2$，在此温度下如缺氧，则发生GeO的升华。

在含6mol/L的盐酸溶液中，用次磷酸（过量30%）还原含0.25~0.5mol的GeO$_2$溶液，然后用稀氨水中和，便能制得GeO。在空气中，潮湿的二价锗的氢氧化物容易氧化，故沉淀和洗涤需在惰性气体保护气氛下进行，此时制得的锗氢氧化物为黄色或红色的胶状物质，如果是从煮沸的溶液中进行沉淀，则制得的产物为黑褐色细粒状。如用过量的次磷酸在盐酸介质中还原1.5~2.0mol的GeO$_2$溶液，再用去离子水水解，可制得白色的GeO，再与溶液接触时则转变成红色。从含25%硫酸的4价锗溶液中，用锌或其他强还原剂，也可制得2价锗的氢氧化物，这种2价锗的氢氧化物具有微弱的酸性，且极易溶于盐酸和其他的卤酸中，也微溶于碱中。

GeO在700℃时显著挥发，当温度高于815℃时，GeO的蒸气压已达101.33kPa。

图6-7所示是用热力学和统计学的方法得到的结果绘制出的GeO蒸气压与温度的关系，它们呈直线分布，其关系可表达为：

$$\lg p\ (kPa) = -1832.87/T + 2.061$$

GeO在175℃时，可与HCl作用生成GeCl$_3$和水，在250℃时，可与卤族元素如氯作用形成GeCl$_4$和GeO$_2$。

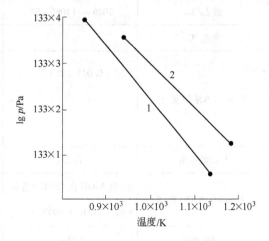

图6-7 GeO蒸气压与温度的关系
1—锗和GeO$_2$混合物上的压力；2—GeO上的压力

GeO略溶于水，其溶解度仅为$3 \times 10^{-4} \sim 0.5 \times 10^{-4}$ mol/L，形成极弱的酸 H$_2$GeO$_2$。

更多的研究者认为，GeO 具有弱碱性，不溶于水而易溶于酸，在水溶液中存在的 Ge^{2+} 是 Ge^{4+} 被还原的中间产物。

GeO 在稀硫酸中缓慢分解，在 4mol/L 的盐酸中微微溶解，随着盐酸浓度增高而溶解度增大。GeO 难溶于碱，这与锗的其他氧化物或硫化物（除晶形 GeS 外）易溶于碱的性质相反。

6.3.3.2 二氧化锗

二氧化锗（GeO_2）为白色粉末。它有三种形态，即可溶性的无定形玻璃体、六边形晶体，不溶性的四面体。它们的物理化学性质见表 6-5。

可溶性六边形 GeO_2 在长时间加热条件下，会缓缓地转变为不溶性的四面体 GeO_2，故处理含锗物料时，不宜长时间地加热。

GeO_2 可通过水解四氯化锗或碱性锗酸盐而制得，此时制备的 GeO_2 为很细的粉末，即便采用显微镜鉴定也很难确定它的晶体结构，采用 X 射线分析，可知其晶体结构属六方晶型。如将其在 380℃ 下焙烧，则转变为四方晶形（晶红石型），熔融的 GeO_2 为玻璃体结构，即无定形 GeO_2。

表 6-5 GeO_2 各种形态的物理化学性质

性　质	不溶四面体 GeO_2	可溶六边形 GeO_2	可溶无定形 GeO_2
结晶构造	$a = 4.394 \sim 4.390$ $c = 2.852 \sim 2.859$	$a = 4.987 \sim 4.988$ $c = 5.653 \sim 5.640$	玻璃体
结晶形式	金红石	α – 石英，β – 石英	—
密度（25℃）/g·cm^{-3}	6.239	4.228	$3.122 \sim 3.617$
熔点/℃	$1086 \sim (1086 \pm 5)$	$1115 \sim (1116 \pm 4)$	—
沸点/℃	—	1200	
每 100g 水溶解度/g	0.023（25℃）	0.433 ~ 0.453（25℃） 0.551（35℃） 0.617（41℃） 0.950 ~ 1.050（100℃）	0.518（38℃）
与盐酸作用	不反应	生成 $GeCl_4$	生成 $GeCl_4$
与 5mol/L NaOH 作用	10 倍 NaOH 在 550℃ 下作用	易	易
	5 倍 Na_2CO_3 在 900℃ 下作用	易	易
与 HF 作用	不反应	生成 H_2GeF_6	生成 H_2GeF_6
转变温度/℃	1033 ± 10	1033 ± 10	—
折射率/%	$\omega = 1.99$；$\varepsilon = 2.00 \sim 2.07$	$\omega = 1.695$；$\varepsilon = 1.735$	$\varepsilon = 1.607$

GeO$_2$ 在空气中很难挥发，但在还原性气氛，如 CO 中的挥发却极为明显。图 6-8 所示是 GeO$_2$ 挥发率与温度和气氛的关系。

在氢气中还原 GeO$_2$，只有在温度高于 700℃时，GeO$_2$ 才部分以 GeO 形式挥发。当温度高于 1250℃时，GeO$_2$ 不受气氛影响而强烈挥发。

GeO$_2$ 的离解压很小，在 1000～1100℃时，GeO$_2$ 按下式离解的数量约为 90%。

$$GeO_2 \Longleftrightarrow GeO(g) + 1/2O_2(g)$$

GeO$_2$ 是一种弱酸性的两性化合物。锗在炉渣中以 GeO$_4^{4+}$ 形态存在，为强酸性化合物。

GeO$_2$ 可与一系列金属氧化物形成 2MeO·GeO$_2$、MeO·5GeO$_2$ 等，如 GeO$_2$ 与 Na$_2$S 和硫一起烧结时，形成 Na$_2$GeOS$_2$·2H$_2$O。

GeO$_2$ 在水溶液中可形成分子分散溶液或胶体溶液，溶液中含有组分简单的锗酸，如

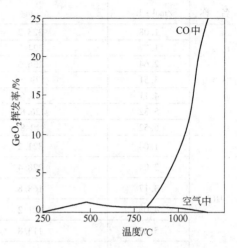

图 6-8 GeO$_2$ 挥发率与温度和气氛的关系

H$_2$GeO$_3$、H$_4$GeO$_4$、H$_2$Ge$_5$O$_{11}$ 和 H$_4$Ge$_7$O$_{16}$ 等。H$_2$GeO$_3$ 为弱酸，H$_2$Ge$_5$O$_{11}$ 酸性稍强，在 pH 值为 3.31～3.36 时，溶液中几乎不存在 Ge^{4+}，pH 值为 5.5～8.4 时，溶液中的 (Ge$_5$O$_{11}$)$^{2-}$ 稳定，且存在下列平衡关系：

$$(Ge_5O_{11})^{2-} + H_2O + 3OH^- \Longleftrightarrow 5(HGeO_3)^-$$

如溶液中加入 KCl 或 KNO$_3$，当 pH 值为 9.2 时，锗以 KGe$_5$O$_{11}$ 形式析出，但当 pH 值大于 11 时，则溶液中仅存在有 Ge(OH)$_6^{2-}$。

GeO$_2$ 在一些无机酸中的溶解度见表 6-6 和表 6-7。

表 6-6　GeO$_2$ 在一些无机酸中的溶解度（25℃）

无机酸名称	浓度/mol·L^{-1}	每 100mL 溶解度/mg	浓度/mol·L^{-1}	每 100mL 溶解度/mg
HClO$_4$	1.56	210.0	6.92	5.2
	3.41	64.0	10.02	0.4
	5.49	12.4	11.88	0.4
HNO$_3$	2.15	221.8	14.40	1.9
	4.04	116.4	16.01	0.8
	4.97	81.0	18.52	0.8
	6.07	54.0	20.14	0.6
	8.38	20.5	22.29	1.5
	10.57	7.5	24.00	1.8

无机酸名称	浓度 /mol·L^{-1}	每100mL溶解度 /mg	浓度 /mol·L^{-1}	每100mL溶解度 /mg
H$_2$SO$_4$	1.08	323.2	8.67	6.4
	1.77	224.8	11.34	8.4
	2.64	136.6	12.36	16.8
	3.51	79.5	14.00	23.2
	4.11	53.6	15.48	5.8
	5.32	26.8	16.63	3.6
	6.52	12.8	17.43	2.0
HCl	1.04	321.2	6.54	231.6
	2.04	228.4	6.92	311.6
	3.17	168.8	8.15	1075.0
	4.03	121.2	8.82	419.0
	5.03	113.8	9.60	41.0
	6.03	164.4	13.39	2.4
HBr	0.72	315.2	7.32	152.2
	3.37	118.6	7.36	133.4
	5.47	51.4	7.60	69.2
	6.90	85.0	8.31	5.4
	7.17	123.0	8.83	5.4
HI	1.27	286.0	4.95	50.0
	2.33	170.8	4.98	42.8
	3.21	96.8	5.20	11.6
	4.17	60.4	5.79	9.2
	4.80	53.6	7.17	2.0

表 6-7   GeO$_2$ 在 GeO$_2$-HF-H$_2$O 系中的溶解度（25℃）

液相分析/%		液相中	底相分析/%	
HF	GeO$_2$	HF:GeO$_2$	HF	GeO$_2$
1.00	1.55	3.37		
2.00	2.43	4.31		
3.00	3.64	4.32		
7.32	9.14	4.19		
12.48	15.25	4.30	3.45	77.45
13.04	15.93	4.28		
16.03	19.62	4.27	4.23	76.58
22.92	28.90	4.17		
25.40	31.20	4.26	6.35	80.49
26.64	32.50	4.20		
70.00	34.70	4.50		
32.80	39.60	4.30		

　　熔融的 GeO_2 与碱作用生成碱性锗酸盐，该盐易溶于水。GeO_2 在 NaOH 中的溶解度见表6-8，其溶解度随 NaOH 浓度的增高而增大，这一性质常被用于含 GeO_2 物料的溶解。

表6-8　GeO_2 在 NaOH 中的溶解度　　　　　　　　　　　　　（g/L）

NaOH	0.0	0.05	0.1	0.2	0.4	0.5	1.0	2.0	4.0
GeO_2	4.48	4.60	5.05	5.70	7.06	7.81	11.67	17.7	23.85

　　为便于比较，锗的硫化物和氧化物的蒸气压随温度的变化数据见表6-9。图6-9所示为其变化曲线。

表6-9　锗的硫化物和氧化物的蒸气压随温度的变化数据

温度/℃	蒸气压/Pa			
	GeS	GeS_2	GeO	GeO_2
444		0.066		
489		1.453		
525	439.9			
555	973.1			
570		25.300		
577	1866.2	47.300		
593		79.100		
602	3332.5			
611		137.400		
612	4025.7			
630	5585.3			
662	9091.1			
683		380.000		
697	9784.2			
705			140.0	
724	13863.2			
788			406.5	
816			2639.3	
850			3796.4	
880			4978.8	
923			16662.5	
927				0.005
1023			1106300.0	
1027				0.048

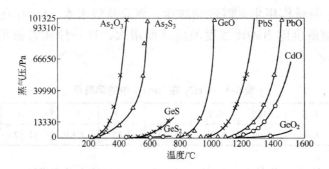

图 6-9　锗的硫化物和氧化物的蒸气压随温度的变化曲线

6.3.4　锗的卤化物

锗的卤化物主要有 GeF_4、GeF_2、$GeCl_4$、$GeCl_2$、$GeOCl_2$、$GeBr_4$、$GeBr_2$、GeI_4、GeI_2、$HGeCl_3$ 等，它们的基本物理化学性质见表6-10。部分卤化锗蒸气压随温度的变化曲线如图6-10所示。

表 6-10　锗的卤化物的基本物理化学性质

卤化锗	色　彩	熔点/℃	沸点/℃	密度	升华温度/℃	离解温度/℃
GeF_4	气态无色	−15	−36.5（升华）	2.46 ~ 2.47	25（空气中）	大于1000
GeF_2	固态白色	110	160（离解）	—	—	大于160
$GeCl_4$	液态无色	−50 ~ −49.5	82.5 ~ 84	1.87 ~ 1.88	25（空气中）	—
$GeCl_2$	晶态白色 液态棕色	74.6	离解	—	—	大于75 始 460 完全
$GeOCl_2$	液态无色	−56	—	—	—	—
$GeBr_4$	液态无色	26.1	180 ~ 186.5	3.13 ~ 3.132	—	—
$GeBr_2$	晶体无色	122	离解	—	—	—
GeI_4	晶体橙红色	144 ~ 146	375	4.32 ~ 4.322	—	—
GeI_2	固态橙红或黄色	240（升华）	—	5.37	—	大于210
$HGeCl_3$	液态无色	−71.1 ~ −71.4	73 ~ 75.2	1.93	—	大于140

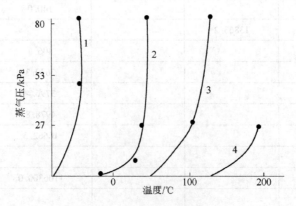

图 6-10　部分卤化锗蒸气压随温度的变化曲线

1—GeF_4；2—$GeCl_4$；3—$GeBr_4$；4—GeI_4

6.3.5 锗的氢化物

锗的氢化物为褐色的固态无定形物质。主要有 GeH_4、Ge_2H_6、Ge_3H_8、Ge_4H_{10} 及 Ge_5H_{12} 等，可用 Ge_xH_{2+2x} 表示。它们的基本性质见表6-11，部分锗的氢化物的蒸气压与温度的关系如图6-11所示。

表6-11 锗的氢化物的主要理化性质

性 质	GeH_4	Ge_2H_6	Ge_3H_8
颜 色	棕色固体、无色气体	无色液体	无色液体
密度/$g \cdot cm^{-3}$	1.52	1.98	2.20
熔点/℃	$-165.9 \sim -164.8$	-109.0	-105.6
沸点/℃	$-89.1 \sim -88.1$	$29.0 \sim 31.5$	$110.5 \sim 110.8$
离解温度/℃	大于36	大于215	大于200
蒸气压/Pa	133.3（-163℃） 13330（-120.3℃） 101325（-88.9℃）	133.3（-88.7℃） 13330（-20.3℃） 101325（31.5℃）	133.3（-36.9℃） 13330（47.9℃） 101325（110.8℃）

性 质	Ge_4H_{10}		Ge_5H_{12}	
颜 色	无色液体		无色液体	
密度/$g \cdot cm^{-3}$				
熔点/℃				
沸点/℃	$176.9 \sim 177.0$		$234.0 \sim 235.0$	
离解温度/℃	大于100		大于100	
蒸气压/Pa	$\lg p\ (Pa) = -1714.6/T + 6.692\ (3 \sim 47℃)$		$\lg p\ (Pa) = -1805.8/T + 6.449\ (7 \sim 47℃)$	

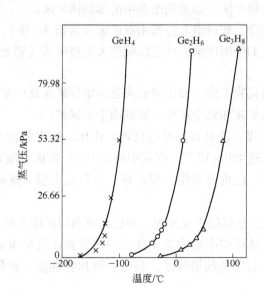

图6-11 部分锗的氢化物的蒸气压与温度的关系

6.3.6 锗的硒、碲化合物

锗的硒、碲化合物主要有 $GeSe$、$GeSe_2$、$GeTe$ 等。

　　GeSe 的离解能为（418 ± 62.7）kJ/mol，升华热为 53.97kJ/mol；GeTe 的离解能为（334.7 ± 62.8）kJ/mol，升华热为 191.6kJ/mol。

　　锗的硒化物用芒硝氧化时，可制得 GeO_2，GeSe、$GeSe_2$ 溶于碱和王水，锗的碲化合物也溶于王水。

　　在真空、压力为 0.0133Pa 的条件下加热锗的硒、碲化合物，GeSe 在 520 ~560℃、GeTe 在 600~640℃ 的温度条件下便显著挥发。

　　GeSe 在 415~596℃ 温度范围内的蒸气压与温度的关系可计算为：

$$\lg p\ (kPa)\ = -1250.9/T + 1.34$$

　　GeTe 在 437 ~606℃ 温度范围内的蒸气压与温度的关系可计算为：

$$\lg p\ (kPa)\ = -1340.73/T + 1.51$$

6.4　锗 资 源

　　锗在自然界中主要呈分散状态分布于其他元素组成的矿物中，通常被视为多金属矿床的伴生组分，形成独立矿物的几率很低。锗作为副产品主要来自两类矿床，即某些富含硫化物的铅、锌、铜、银、金矿床与某些煤矿。

　　实际上，锗矿床可分为伴生锗矿床和独立锗矿床两大类。如果矿床中，经常有锗独立矿物或富含锗的载体矿物（类质同象矿物或吸附体等）出现时，可作为独立锗矿床的特征。

　　独立锗矿床含锗规模较大，锗不再是副产品或综合回收的元素。独立锗矿床可分为：

　　（1）铜 – 铅 – 锌 – 锗矿床，如玻利维亚中南部的锗矿床。

　　（2）砷 – 铜 – 锗矿床，如西南非特素木布矿床（含锗 8.7%）。

　　（3）锗 – 煤矿床，如中国内蒙古乌兰图嘎超大型锗矿床（锗金属储量约 1600t）。

　　伴生锗的矿床有：

　　（1）含锗的铅锌硫化物矿床，如中国云南会泽铅锌矿床及广东凡口铅锌矿床。

　　（2）含锗的沉积铁矿床和铝土矿床，如湖南宁乡铁矿。

　　（3）含锗有机岩（煤、油页岩、黑色页岩）矿床，如内蒙古五牧场区次火山热变质锗 – 煤矿床（锗最高可达 450×10^{-6}，煤灰中可达 1%）和俄罗斯东部滨海地区的锗 – 煤矿床（如金锗 – 煤矿床、巴甫洛夫锗 – 煤矿床、什科托夫锗 – 煤矿床等，为热液沉积成因）。

　　锗石和硫铜锗矿曾经是锗的主要来源，但已无可利用矿床资源。目前，工业上主要从铅锌和铜的硫化矿和含锗褐煤中提取锗。我国的锗资源储量居世界之首，远景储量约为 9600t。会泽、赫章、凡口等地的铅锌矿，临沧、锡林郭勒盟、吉林营城等地的煤是我国锗的主要来源。

　　根据我国对含锗工业矿床的评价，锗品位大于 0.0008% 的赤铁矿可作锗矿开采，锗品位 0.001% 的铅锌矿、0.01% 的锌精矿可综合回收利用，含锗品位 0.002% ~0.1% 的煤矿可综合回收利用，含锗品位达到 0.1% 时可作为锗矿开采。我国含锗工业矿床的分布及品位见表 6-12。

表 6-12　我国含锗工业矿床的分布及品位

矿物类型	品位/%	利用状况	矿产地	矿产品中锗的品位/%
硫化铅锌矿	0.0005 ~ 0.6	已用	广东凡口	0.0033
氧化铅锌矿	0.001 ~ 0.006	已用	贵州赫章	0.006
煤矿	0.01 ~ 0.013	已用	云南临沧	0.0176
硫化铜矿	0.001 ~ 0.004		湖北吉龙山	0.004

6.4.1　煤中锗资源

煤层中含有多种稀有元素，其中具有工业品位和开采价值的是含锗煤矿。目前，发现的含锗煤矿主要有云南和内蒙古的褐煤，如胜利煤田的含锗煤矿，锗品位可达 200×10^{-6} 以上。内蒙古东部和云南大量的褐煤盆地中，锗矿资源潜力很大。

我国主要煤田（矿区）煤中锗的含量见表 6-13。山东滕县煤田、云南东部部分矿区、鄂尔多斯盆地煤中锗的分析数据分别见表 6-14 ~ 表 6-16。它们分别反映了我国华北石炭-二叠纪、华南二叠纪以及我国西部侏罗纪煤中含锗的概况。

表 6-13　中国主要煤田（矿区）煤中锗的含量

省和地市（矿区，矿）	成煤时代（层位）	煤类	样品数	范围 $w_{Ge}/\mathrm{mg \cdot kg^{-1}}$	算术平均值 $w_{Ge}/\mathrm{mg \cdot kg^{-1}}$	几何平均值 $w_{Ge}/\mathrm{mg \cdot kg^{-1}}$	资料来源
河北 唐山	C-P	QM	1	2.99			庄新国（1999）
山西 平朔	C-P（太原组）	QM	8	0.49 ~ 0.78	0.61	0.56	庄新国（1998）
山东 兖州	C-P	QM-PM	26	0.44 ~ 11.52	5.90	4.90	刘桂建（1999）
山东 济宁	C-P	QM	30	1.69 ~ 9.11	5.10	4.50	刘桂建（1999）
山东 滕县	C-P（太原组）	QM	553	约 80.00	6.10		李春阳（1991）
山东 滕县	C-P（山西组）	QM	293	约 17.18	1.80		李春阳（1991）
山东 柴星	P（山西组）	QM	1	1.60			
山东 枣庄	C-P（太原组）	PM	1	1.50			
江苏 徐州坨	C-P（太原组）	QM	1	2.10			
江苏 徐州坨	P（山西组）	QM-WY	1	1.70			
安徽 淮北	P（山西组）	QM-WY	7	1.20 ~ 4.30	2.30	2.00	
安徽 淮北	P（石盒子组）	QM-WY	5	1.70 ~ 4.30	3.00	2.80	
贵州 水城	P_2（龙潭组）	QM-FM	3	0.47 ~ 4.75	1.27	0.76	曹荣树（1998）
贵州 六盘水	P_2（龙潭组）	QM-WY	32		3.06		倪建宇（1998）
贵州 水城	P_2（龙潭组）	QM			2.54		倪建宇（1998）
贵州 水城	P_2（龙潭组）	PM			2.33		倪建宇（1998）
贵州 水城	P_2（龙潭组）	JM			7.66		倪建宇（1998）
贵州 六枝	P_2（龙潭组）	QM-WY	45	0.40 ~ 3.40	1.70		庄新国（1998）
云南 东部	P_2（宣威组）		1334	微 ~ 22.00	3.66		周义平（1985）
山西 大同	J_2（大同组）	RN	8	0.16 ~ 3.06	0.76		庄新国（1998）

省和地市 （矿区，矿）	成煤时代 （层位）	煤类	样品数	范围 w_{Ge}/mg·kg^{-1}	算术平均值 w_{Ge}/mg·kg^{-1}	几何平均值 w_{Ge}/mg·kg^{-1}	资料来源
内蒙古 伊敏	J_2	HM-YM		约450.00	15.00		刘金钟（1992）
内蒙古 锡林	J_2—K_2	HM		135.00~820.00	244.00		袁三畏（1999）
鄂尔多斯盆地	J_2（延安组）				0.90	1.80	李河名（1993）
神府-东胜	J_2（延安组）	CY	723	0.10~22.30	2.11		窦廷焕（1998）
内蒙古 东胜	J_2（延安组）	CY	18	0.00~7.00	2.80	2.00	李河名（1993）
宁夏 马家堆	J_2（延安组）	CY	6	1.00~11.40	3.47	2.46	李河名（1993）
甘肃 华亭	J_2（延安组）	CY	3	0.37~4.43	2.15	1.40	李河名（1993）
陕西 彬县	J_2（延安组）	CY	2	0.43~2.94	1.69		李河名（1993）
陕西 店头	J_2（延安组）	CY	8	0.00~4.70	1.80	1.24	李河名（1993）
陕西 榆横	J_2（延安组）	CY	11	0.00~15.00	5.90	5.42	李河名（1993）
辽宁 阜新	K_2（阜新组）	CY	6	0.20~0.90	0.45		Querol（1997）
云南 潞西	N	HM		20.00~800.00			周义平（1985）
云南 沧源	N	HM			56.00		周义平（1985）
云南 腾冲	N	HM		约1730.00			周义平（1985）
云南 临沧	N	HM	13	小于0.30~1470.00	565.80	199.60	庄汉平（1997）
云南 临沧	N	HM	1	大于3000.00			
云南 小龙潭	N	HM	3	0.33~1.36	0.85	0.67	
广东 茂名	E_2	HM		8.00~14.00			劳林娟（1994）

表6-14 山东滕县煤田及临近井田煤中锗含量

矿区	地层	煤层	样品数	一般 w_{Ge}/mg·kg^{-1}	最大 w_{Ge}/mg·kg^{-1}	富集点数
滕县 煤田	山西组	3 上	135	1.48	14.70	1
		3 下	158	1.99	17.18	4
		4	1		17.18	1
		6	36	9.96	22.62	15
		8	1		24.12	1
		9	10	8.16	18.03	5
		12 下	133	2.90	17.00	1
	太原组	14	48	4.74	15.29	10
		15 上	25	7.78	14.00	6
		16	163	5.75	23.34	13
		17	126	7.76	80.00	39
		18 上	5	12.48	18.80	4
		18 下	5	21.14	36.70	3

续表6-14

矿 区	地 层	煤 层	样品数	一般 w_{Ge}/mg·kg^{-1}	最大 w_{Ge}/mg·kg^{-1}	富集点数
合 计			846	4.59	80.00	107
枣庄井田		17，18		17.5~19.5		
朱子埠井田		17		11.7		
官桥井田	太原组	15上		12.6~16.1		
巨野井田		15上		12.6~16.1		
G-14孔		18下		13.34		
G-60孔		18下		12.88		

注：富集点 $w_{Ge} \geqslant 10$mg/kg。

表6-15 云南东部部分矿区煤中锗含量

矿区	样品数	范围 w_{Ge}/mg·kg^{-1}	平均值 w_{Ge}/mg·kg^{-1}	矿区	样品数	范围 w_{Ge}/mg·kg^{-1}	平均值 w_{Ge}/mg·kg^{-1}
宝山	36		30.0	后所	121	1.0~8.0	4.0
马场	20	2.0~6.0	4.0	煤炭湾	33	1.2~6.0	4.0
羊场	7	2.0~5.0	3.5	徐家庄	193	0.4~11.0	3.0
赤那河	10	微~8.0	2.5	龙海沟	161	0.2~7.0	2.0
田坝	92	0.2~5.5	3.0	小山坎	7	1.5~2.0	1.8
卡居	19	2.0~10.0	5.5	云山	45	0.3~3.0	1.8
罗木	90	5.0~22.0	11.0	团结	19	0.4~3.0	1.8
庆云	225	0.3~8.0	2.8	恩烘	9	0.8~3.5	1.8
老牛场	263	0.0~16.0	4.0	水草湾	20	0.6~3.5	1.9

表6-16 鄂尔多斯盆地延安组第一段煤中锗含量

位置	煤层	钻孔号(矿)	w_{Ge}/mg·kg^{-1}	位置	煤层	钻孔号(矿)	w_{Ge}/mg·kg^{-1}	位置	煤层	钻孔号(矿)	w_{Ge}/mg·kg^{-1}	位置	煤层	钻孔号(矿)	w_{Ge}/mg·kg^{-1}
东胜铜匠川	六煤组	470	0.00	东胜柳塔	五煤组	6405	1.50	陕西榆横工区	九煤层	YH102	8.00	陕西店头	二煤层	6	2.40
		244	0.63			1509	6.00			ZK104	3.80			52	0.20
		800	3.40			1507	4.20			ZK107	5.00			103	0.00
		97	0.15			1513	4.20			ZK204	0.00			15	3.30
		611	3.15			1511	3.50			ZK303	8.00			66	2.80
		29	3.70			404	2.10			ZK304	2.00			005	4.70
		99	1.20	宁夏马家堆	十五煤层	102	2.20			ZK507	2.93			仓村矿	0.73
		797	0.17			灵煤45	11.40			ZK508	7.50			南川矿	0.30
		31	5.75			501	1.00			ZK509	5.30			C	4.43
		61	0.00			512	2.00			ZK513	3.40	甘肃华亭	十煤层	2602	0.37
东胜柳塔	五煤组	3111	6.00			902	2.10			ZK711	15.00			华亭矿	1.66
		3109	3.00	陕西彬县	八煤层	水帘乡	0.43								
		4700	1.00			彬县东	2.94								

云南锗资源丰富，探明储量约 1182t（未包含褐煤中伴生的锗资源储量），占全国探明储量的 32%，居全国第一。据云南省煤田地质勘探资料分析，云南西部（澜沧江以西）褐煤盆地具有良好的锗富集成矿条件，在临沧-勐海和腾冲-瑞丽两个条带上分布的近 40 个盆地中，被确认具有工业回收锗价值的 4 处，锗资源量约 1056t；另发现 9 处煤中锗含量大于 20×10^{-6} 的矿点，有待进一步的地质工作验证，其潜在的锗资源量估计有 2000 ~ 3000t。云南临沧褐煤部分样品中锗含量数据见表 6-17。

表 6-17　云南临沧褐煤部分样品中锗含量

样品号	样品埋深/m	煤 w_{Ge} /mg·kg^{-1}	炭质泥岩 w_{Ge} /mg·kg^{-1}	样品号	样品埋深/m	煤 w_{Ge} /mg·kg^{-1}	炭质泥岩 w_{Ge} /mg·kg^{-1}
S20	地表	302		Z8-8	127.37 ~ 127.77	1470	
S21	地表	19		Z8-9	128.14 ~ 128.64		974
S23	地表	<0.3		Z8-2	132.30 ~ 132.50	259	
S24	地表	398		Z8-10	137.31 ~ 137.83	780	
Z8-3	11.69 ~ 11.91		<0.3	Z8-12	141.42 ~ 142.06		524
Z8-4	36.86 ~ 37.14	12		Z9-10	208.34 ~ 208.54	951	
Z8-1	37.14 ~ 37.15		1.4	Z9-7	213.00 ~ 213.22	1081	
Z8-16	85.83 ~ 86.31		7.1	Z9-1	216.46 ~ 216.61	844	
Z8-5	86.31 ~ 86.94		3.3	Z9-3	217.35 ~ 217.50	703	
Z8-7	122.06 ~ 122.91		2.6	Z9-2	227.15 ~ 227.33	536	

6.4.2　铅锌矿中锗资源

6.4.2.1　云南会泽铅锌矿

近年来，在我国西南地区先后确定和发现了以锗、铊、镉、硒、碲等分散元素独立组成的矿床，验证了 1994 年涂光炽院士提出的著名论断："分散元素不仅能发生富集，而且能超常富集，并可以独立成矿，而且，分散元素可以通过非独立矿物形式富集成独立矿床。"

云南会泽超大型铅锌锗矿床位于云南省东北部，行政区划属曲靖市会泽县矿山镇，地理坐标为东经 103°43′ ~ 103°45′，北纬 26°38′ ~ 26°40′，分布面积约 10km^2。该矿山是我国主要的铅锌锗生产基地之一，铅锌品位特高，铅和锌总含量多在 25% ~ 35%，部分矿石铅和锌总含量超过 60%，伴生有价元素多（银、锗、镉、铟、镓等）。矿山由矿山厂、麒麟厂、大水井大型铅锌矿床及银厂坡小型银铅锌矿床等组成，锗的储量可达数百吨。

会泽铅锌锗矿床，是川滇黔成矿三角区富锗铅锌矿床的典型代表，其主矿体中锗的富集系数可达 6978，显示了分散元素在该区独特的地球化学行为。会泽铅锌锗矿床中，锗可能的赋存形式有三种，即类质同象、独立矿物和吸附形式。有的研究者认为锗的赋存形式为类质同象，并作出以下推断：

（1）锗主要赋存于方铅矿中，以类质同象的方式交换铅进入方铅矿的晶格中。

（2）黄铁矿中的锗可能交换了铁或可赋存于闪锌矿中。

（3）鉴于有机质对分散元素的超强吸附作用，不排除部分锗被有机质吸附的可能性。

综合所研究的区域、矿床地质特征及地球化学分析，认为锗与主金属元素的来源一致，都来自相对高锗背景值的泥盆上统和石炭中下统的碳酸盐地层中。会泽铅锌矿床的成矿模式可概括为"大气降水淋滤-对流循环-富集成矿"。

6.4.2.2 贵州省赫章矿区

贵州省赫章、威宁地区以及相毗邻的云南昭通，蕴藏有伴生稀散金属锗、镓、铟和贵金属银的丰富的氧化铅锌矿资源。在地质部门探明的储量中，仅赫章、妈姑的两个产矿区就可采矿石约含铅锌 200kt，锗 180t，镓 100t，铟 40t，银 120t。有用矿物有白铅矿、磷氯铅矿、铅丹、菱锌矿、异极矿、水锌矿和铁矾等，锗主要赋存于铁的氧化物、氢氧化物及铅锌氧化物中。妈姑矿区矿石可分为砂矿和黏土矿，两者所占比例约为 55∶45，其化学成分见表 6-18。

表 6-18　妈姑地区氧化铅锌矿化学成分　　　　　（质量分数/%）

名 称	Pb	Zn	SiO$_2$	FeO	CaO	Al$_2$O$_3$	MgO
砂 矿	2.5~3.0	5~8	15~18	30~35	3~4	8~10	1~1.5
黏土矿	1.8~2.8	4~6	25~35	20~25	2~3	12~15	1~1.5

名 称	Ge	Cd	Ca	In	Ag	F	Cl
砂 矿	0.006~0.008	0.007~0.01	0.002~0.003	0.0015~0.002	0.003~0.004	0.04~0.05	0.007~0.01
黏土矿	0.004~0.006	0.006~0.008	0.002~0.003	0.001~0.002	0.003~0.004	0.03~0.04	0.005~0.008

6.4.2.3 凡口铅锌矿

中金岭南公司凡口铅锌矿是我国最大的地下开采矿山，也是我国特大型富含锗资源的工业伴生矿山之一。

对凡口铅锌矿不同地段和深度的锗分布特征及赋存状态，有过不同程度的研究。1963年，韶关地质大队的《广东仁化凡口铅锌矿区水草坪矿床伴生分散元素地质勘探中间性报告》给出了锗、镓的矿石组合样品、单矿物样品和精矿样品的化学分析结果。此后的30 年里，有关锗元素分布特征及赋存规律的描述都大同小异，归结起来大致如下：锗主要赋存在黄铁铅锌矿矿石中的闪锌矿矿物中，锗在黄铁矿矿石中几乎不存在，而在闪锌矿中占 87.29%~92.81%；锗随着闪锌矿的颜色加深，含量升高；矿物中未发现锗的独立相。

凡口铅锌矿共进行过三期地质勘探。1956 年，706 地质队对凡口铅锌矿进行了第一期地质调查，探明伴生锗金属储量 C1 + C2 级约 1006t。1976 年，932 地质队作了第二期勘探工作，探明伴生锗金属储量 D 级约 287t。1989~1991 年，凡口铅锌矿进行第三期勘探工作——狮岭深部地质勘探，勘探成果于 1994 年通过广东省矿产储量委员会批准。凡口铅锌矿矿山经过 30 多年的生产，至 2000 年底还保有锗、镓金属储量约 2100t 以上，锗、镓金属都伴生在黄铁铅锌矿石中。2005 年，凡口铅锌矿深部矿体进入实质性的生产开采阶段，其中伴生在深部矿体黄铁铅锌矿石中的锗、镓金属是不容忽视的。据凡口铅锌矿的储量地质报告，锗、镓金属储量分别约为 427.8 t 与 378.8t。

6.5 锗的提取方法

如前所述,锗作为一种分散元素,赋存于各种矿物、岩石和煤中。提取锗的原料主要有三类:

(1)各种金属冶炼过程中锗的富集物,如各种含锗烟尘、炉渣等。

(2)煤燃烧后的各种产物,如烟尘、煤灰、焦炭等。

(3)锗加工过程中的各种废料。

锗的提取方法,就是指根据锗的原料情况而制定的各种提取锗的方法。在锗的提取过程中,应重点注意的是:

(1)确定的生产工艺必须与主产品的生产工艺相适应。

(2)如何从大量低含量的物料中经济而有效地获取量很小的产品。

(3)提取工艺必须满足环境保护的要求,不能造成二次污染。

6.5.1 锗提取的原则流程

锗的提取过程可分为4个阶段:(1)在其他金属提取过程中的富集;(2)锗精矿的制备;(3)锗的提取冶金;(4)锗的物理冶金。提取锗的原则流程如图6-12所示。

由于含锗原料的多样性,预富集是千差万别的。富锗原料的进一步富集,也有许多种方法,从锗精矿以后的工艺流程,几乎都是相同的,即采用氯化蒸馏-水解,得到二氧化锗,然后再进一步按照产品需要进行深加工。

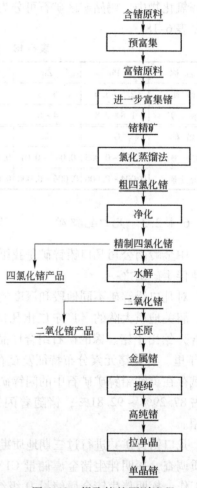

图6-12 提取锗的原则流程

6.5.2 从几种有代表性的原料中提取锗的方法

6.5.2.1 从含锗矿中浮选锗精矿

对于非洲纳米比亚含锗较高的多金属硫化矿,锗主要存在于锗石和硫锗铁铜矿矿物中。1954年,楚梅布厂用选矿法分离锗,其原则流程如图6-13所示。

锗在锗精矿中富集了7倍以上,但此锗精矿中含锗量仅为0.385%,还不能进入氯化蒸馏工序,需要进一步富集。将此精矿经氧化焙烧,酸性浸出,可得到含锗56g/L的溶液,冷却后得到富锗矿泥,即可进入氯化蒸馏工序。

6.5.2.2 从有色金属冶炼副产物中提取锗

A 从含锗烟尘中提取锗

当硫化矿进行熔烧时，锗会部分富集于烟尘中。当含锗物料在进行还原焙烧或还原熔炼时，锗也会部分富集于烟尘中，富锗烟尘处理的原则流程如图 6-14 所示。

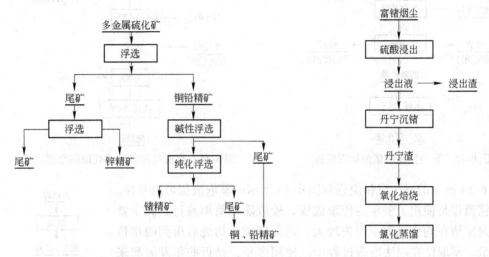

图 6-13　从多金属硫化矿中浮选锗精矿的原则流程　　图 6-14　富锗烟尘处理的原则流程

氧化焙烧后除去砷及有机物等杂质，得到 GeO_2 烟尘，然后将其送氯化蒸馏，后续处理工艺相同。

B 从火法炼锌的副产物硬锌中提取锗

在火法炼锌时，相当部分的锗会富集于粗锌蒸馏的副产物硬锌中。硬锌中锗的含量已达 0.17% ~ 1.0%，比锌精矿含锗 0.008% ~ 0.006% 富集了 21 ~ 167 倍，但仍需进一步富集。

硬锌中 80% 是锌，处理的方法主要有两种。一种是电炉蒸馏-熔析法，此法主要利用锌和锗的蒸气压的差别，用电炉加热，使锌蒸馏进入气相与锗分离，得到的锗渣熔析分离铅后，再进一步处理。

另一种方法是 20 世纪 90 年代我国自行研究成功的真空蒸馏法，利用锌和锗蒸气压的差别，采用真空蒸馏，使锌挥发而锗留于残渣中以达到分离的目的。锗在残渣中的富集比可达到 10 ~ 15，直收率可达到 94% ~ 97%，比原来的电炉富集法富集比大、回收率高、安全性好，但得到的锗渣含锌较高，需进一步除去。真空炉提取锗的原则流程如图 6-15 所示。

真空蒸馏法与传统的电炉蒸馏-熔析法比较，既缩短了流程，又大大提高了回收率。

C 从湿法炼锌的副产物中提取锗

在湿法炼锌过程中，锗富集于中性浸出渣中。当采用不同的处理流程时，锗富集于不同的产物中。当中性浸出渣采用回转窑还原挥发时，锗富集于烟尘中；当中性浸出渣采用黄钾铁矾法处理时，锗主要富集于高温高酸浸出液中。富锗烟尘的处理流程如图 6-14 所示，高温高酸浸出液处理的原则流程如图6-16所示。

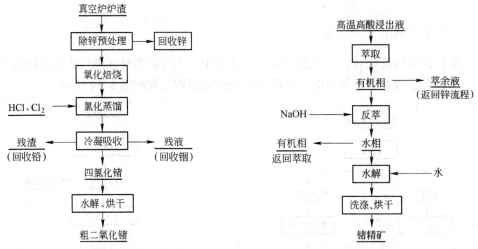

图6-15　真空炉提取锗的原则流程　　　图6-16　高温高酸浸出液处理的原则流程

图6-14所示的丹宁沉锗流程和图6-16所示的萃取流程可以互换。丹宁沉锗流程是使用了多年的传统流程，较成熟而简单易行，其主要缺点是丹宁锗在灼烧过程中损失较大、污染环境，灼烧后得到的锗精矿品位低。萃取法在湿法冶金过程中已使用多年，是近些年发展起来的提锗新方法，其主要优点是金属回收率高、产品纯度高、生产能力大。

6.5.2.3　从含锗煤和煤的加工副产品中回收锗

从含锗煤中回收锗的方法很多，典型的方法有再次挥发法，其流程如图6-17所示。

再挥发的方法有许多种，如鼓风炉挥发法、回转窑挥发法等。二次煤尘可按图6-14富锗烟尘的处理流程进一步富集锗。

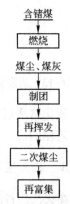

图6-17　含锗煤中富集锗的流程

6.6　含锗铅锌矿提锗工艺

铅锌矿中的锗资源是锗原料的重要来源。云南会泽铅锌矿（现云南驰宏锌锗股份有限公司）的提锗工艺是从含锗铅锌矿中提锗的典型代表。

6.6.1　铅锌矿的鼓风炉生产工艺

1988年以前，会泽铅锌矿全部处理氧化铅锌矿，生产锌和锗。1988年，麒麟厂硫化铅锌矿投产，选出的硫化锌精矿经沸腾焙烧，焙砂采用稀硫酸中性浸出，含氟氯等杂质高的浸出渣返回火法或堆存。中性浸出液经净化-电解-熔铸得锌锭。含杂质高的氧化矿净化液混合后生产电锌。

1995年，又扩建了一台沸腾焙烧炉和20kt的电锌生产能力，并将中浸渣的处理改为热酸浸出-黄钾铁矾法，既提高了锌的浸出率和湿法炼锌的直收率，也改善了锌的回收。图 6-18 和图 6-19 所示为氧化铅锌矿和硫化锌精矿生产锌及锗的原则流程。

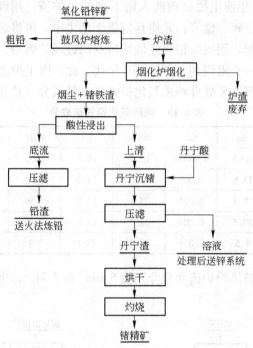

图 6-18 氧化铅锌矿生产锌及锗的原则流程

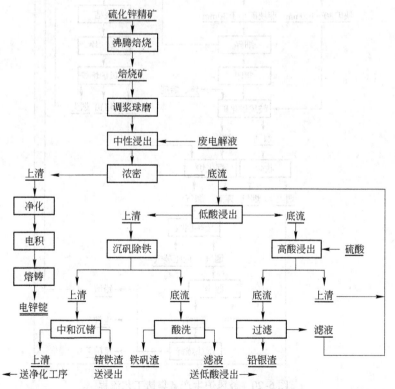

图 6-19 硫化锌精矿生产锌及锗的原则流程

6.6.1.1 鼓风炉工艺流程

原会泽铅锌矿 1973 年前主要处理前人留下来的土炉渣，用鼓风炉化矿并回收粗铅，熔渣流入烟化炉挥发铅、锌、锗等，并使其富集于烟尘中，再将烟尘用硫酸浸出，丹宁沉锗，最终生产电锌和粗锗，而硫酸铅渣经烧结后返回鼓风炉炼铅。该法流程简单，生产过程顺利，经济效果好，一直沿用到 20 世纪 70 年代。此后因土炉渣资源逐渐枯竭，逐年增大了原生资源配入量，现主要处理难选氧化铅锌矿，其成分（质量分数）见表 6-19。

表 6-19 难选氧化铅锌矿成分 （质量分数/%）

名 称	Pb	Zn	Ge	SiO$_2$	Fe	CaO	MgO	Al$_2$O$_3$	S
共生块矿	1.88	9.65	0.00036	13.0	16.3	16.0	5.3	2.3	0.12
共生粉矿	4.3	13.6	0.006	17.0	14.2	12.9	4.5	3.7	0.03
砂矿块矿	2.6	18.4	0.005	25.4	13.0	8.9	1.3	6.9	0.16
砂矿粉矿	3.3	20.5	0.004	31.5	13.8	2.7	1.6	9.1	0.16
土炉渣	3.2	8.5	0.005	32.3	26.1	3.1	1.0	4.8	0.1

采用两台鼓风炉，鼓风炉炉床面积分别为 5.6m^2 和 7.7m^2，生产富集锗工艺流程如图 6-20 所示。

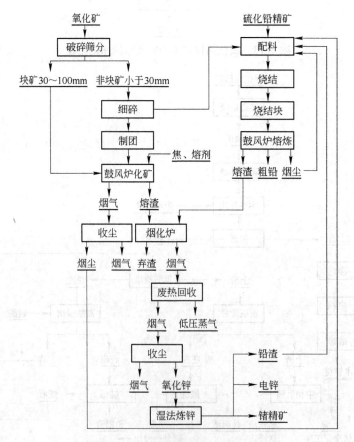

图 6-20 鼓风炉生产富集锗工艺流程

6.6.1.2　鼓风炉操作技术条件

A　配料

矿石中的 SiO_2、CaO（MgO）、ZnO 含量偏高，而 FeO 低，应当进行混合配料，选择低铁渣型。该矿熔矿鼓风炉在化矿时回收铅，合理渣型应具备的条件是：在一定的熔化温度下具有足够大的流动性；对 ZnO 有一定的渣化能力以及不影响烟化炉对铅、锌、锗的挥发效率。经试验室研究及生产实践表明：鼓风炉造渣成分应控制在 SiO_2 23% ~ 30%、CaO 10% ~ 17%、Fe 18%、Al_2O_3 6%、MgO 4%，此时即可满足鼓风炉熔炼的要求，并且可以不加或少加造渣熔剂，经济上有利。

B　鼓风炉炉渣的物理化学性质

该厂鼓风炉炉渣的物理化学性质如下：

（1）炉渣成分、熔点及热熔。鼓风炉炉渣的成分、熔点和热熔见表6-20。

表6-20　鼓风炉炉渣的成分、熔点和热熔

名　称	成分（质量分数）/%						熔点/℃	热熔/J·g⁻¹	密度/g·cm⁻³
	Fe（FeO）	SiO	CaO	MgO	Al_2O_3	Zn			
渣1含量	22.3（28.69）	26.34	11.73	4.74	6.12	10.53	1093	1367	3.70
渣2含量	15.42（19.84）	27.36	15.31	4.76	7.26	12.03	1123	1480	3.604

（2）炉渣黏度、电导对温度的关系曲线。炉渣黏度、电导和温度的关系曲线如图6-21 所示。

从图6-21 可见，两种熔渣，除铁的含量有显著差别外，其他成分的含量差别较少，表明 FeO 对渣的物理化学性能有强烈的影响，FeO 含量低的熔渣熔点高，热熔值增加，黏度也显著增加，电导降低。随温度升高，炉渣黏度下降，电导上升。

（3）炉渣的矿相结构。炉渣的宏观组织致密、坚硬、呈铁灰色，有大小不均的气孔。渣相主要是铁橄榄石，占渣相的70%以上，其次是锌尖晶石和铁锌尖晶石、玻璃相、Pb-As 合金等。其矿相结构见表6-21。

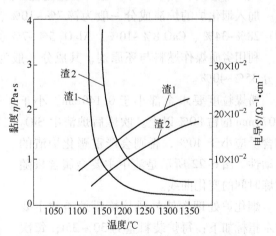

图6-21　炉渣黏度、电导和温度的关系曲线

（4）制团及烧结。粉矿造块通常采用制团和烧结两种方法，这两种方法都在生产中使用。

表 6-21　炉渣的矿相结构　　　　　　　（质量分数/%）

粒 度	质量分数		橄榄石及玻璃相		尖晶石		合 金	
	渣1	渣2	渣1	渣2	渣1	渣2	渣1	渣2
+0.074	43.8	45.8	35.16	37.24	8.15	7.75	0.49	0.81
+0.037	44.6	30.4	35.46	21.85	8.32	7.51	1.82	1.04
-0.037	11.6	23.8	9.69	16.52	1.76	5.88	0.15	1.10
合 计	100	100	79.31	75.91	18.23	21.14	2.46	2.95

制团的优点是：作业在常温下进行，劳动条件好、机械损失少、工艺过程简短、设备简单且数量少、劳动生产率高、能耗低、费用相对较少。

制团设备参照罐炼锌制团系统设计。采用二段碾磨、一段压密和一段压团流程，对产出的团矿强度要求为：1m 抛高 3 次，粒度小于 10mm 的不超过 15%。

原会泽铅锌矿的氧化矿多为泥质矿石，黏性良好，易于黏结成团。当含水分为 8% ~ 10% 时，不添加黏结剂，制得的团矿不经干燥仍能满足鼓风炉对团矿的要求。

当氧化铅锌物料含硫太高时，用烧结法造块，可脱去适当量的硫。但若混合物料含硫不足 5.5% 时，应添加少许焦粉作为补充燃料，以保证烧结能顺利进行和得到合格的烧结块，其操作技术条件与铅精矿的烧结焙烧相同。

6.6.2　烟化炉工艺流程

采用两台烟化炉，一台的炉床面积为 4.4m²，另一台经扩大后的烟化炉主要尺寸如下：炉床面积 9.38m²；长 × 宽 × 高为 3.883m × 2.415m × 3.173m；风口为 φ38mm × 32 个；风口中心离炉底 570mm。生产工艺流程如图 6-20 所示。

加入烟化炉的炉渣成分一般为锌 7%~10%、铅 2.5%~4.0%、锗 0.004%~0.005%、SiO_2 28%~34%、CaO 8%~10%、Al_2O_3 5%~7%、MgO 2%~4%。

利用劣质煤作燃料与还原剂，其成分一般为固定碳 45%~50%，挥发物 10%~15%，灰分 35%~40%。

粉煤粒度要求全部小于 0.149mm，小于 0.074mm 的占 80% 以上。吹炼后炉渣中 SiO_2 的含量应小于 40%，否则会严重恶化炉渣的流动性。图 6-22 所示是渣中主要金属含量随吹炼时间的变化曲线。

烟化炉处理含锗鼓风炉炼铅炉渣的主要技术指标如下：每炉装料量为 30 ~ 35t；每次吹炼时间为 110 ~ 120min，其中加料 10 ~ 15min，烟化吹炼 90min，放渣 10 ~ 15min；鼓风量（标态）为 250 ~ 280m³/min；鼓风压力为 65 ~ 75kPa；一次风量：二次风量 =3:7；单位处理能力为 30 ~ 35t/(m²·d)；金属挥发率为：锌 82% ~ 87%，铅 95% ~ 98%，锗 84% ~ 90%；

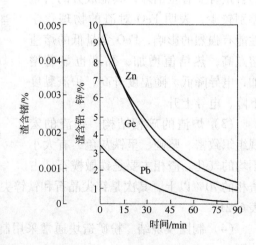

图 6-22　渣中主要金属含量随吹炼时间的变化曲线

烟气含尘为 $9 \sim 160$ g/cm^2；烟尘率为 $12\% \sim 16\%$；氧化锌粉成分：锌 $50\% \sim 55\%$、铅 $18\% \sim 22\%$、锗 $0.028\% \sim 0.032\%$。

烟化炉除了处理含锗鼓风炉炉渣外，也可同时处理其他一些含锗原料，烟化炉物料中锗的投入产出情况见表6-22。物料中的锗 95% 以上进入布袋尘而回收。烟尘中的锗在酸浸时进入溶液，再用丹宁沉锗，丹宁锗经干燥、灼烧后得到锗精矿。

表6-22 烟化炉物料中锗的投入产出情况

项 目	投 入							产 出		
	鼓风炉渣	铁闪锌矿	冷料	洗涤渣	粗尘	中浸渣	合计	布袋尘	废渣	合计
干重/t	8715.371	900.40	1065.40	100.72	406.17	733.57		3242.59	8679.2	
锗品位/%	0.00046	0.00046	0.0003	0.578	0.0176	0.0175		0.0341	0.0006	
锗质量/kg	402.86	7.096	31.974	582.363	71.892	128.924	1225.109	1104.924	52.07	1156.994
锗分布/%	32.88	0.58	2.61	47.54	5.87	10.52	100.00	95.50	4.50	100.00

6.6.3 锗在铅锌冶炼流程中的分布

6.6.3.1 锗在氧化铅锌矿冶炼流程中的走向

在鼓风炉熔炼过程中，控制铅的还原，锗与锌一起进入炉渣中。在烟化炉还原烟化时，控制吹炼温度约为 1250℃，锗与锌一起被 CO 还原，锗以 GeO 的形态进入烟气，然后又被氧化为 GeO$_2$ 进入烟尘。在烟化过程中，产生的大量锌蒸气也会与 GeO$_2$ 反应，使 GeO$_2$ 还原为 GeO 而蒸发，所以，锗蒸气的产生，有利于锗的还原蒸发。部分锗可能被还原为金属锗，但又会与 GeO$_2$ 反应生成 GeO 蒸发进入烟尘。

6.6.3.2 锗在硫化锌精矿冶炼流程中的走向

硫化锌精矿在沸腾焙烧时，炉内是强氧化气氛。精矿中以硫化物形态存在的锗会被氧化为 GeO$_2$，与锌一起进入焙砂中。在中性浸出时，又大部分随铁酸锌等难溶矿物进入中浸渣。在中浸渣低酸浸出时，锗被浸出进入溶液，溶液进行沉矾除铁。此时，控制大部分铁沉淀而锗留在溶液中，随后进行中和沉锗，使锗和铁完全沉淀进入锗铁渣。锗铁渣与氧化矿烟化炉的烟尘一起进行酸性浸出，锗进入溶液，再采用丹宁沉锗，使锗进入丹宁锗渣，经进一步处理后回收锗。

经查定，锗在硫化锌精矿冶炼流程中的分布见表6-23。

表6-23 锗在硫化锌精矿冶炼流程中的分布

物料名称	中浸液	沉矾后液	沉矾渣	高酸浸出渣	锗铁渣	酸性浸出液	丹宁锗渣	锗精矿
分布/%	1.84	40.50	13.16	44.50	38.88	32.98	31.99	29.43

由表6-23 可见，从焙砂到锗精矿的直收率不高，仅 30% 左右，当然，高酸浸出渣中的锗、银和铅等有价金属还需要进一步回收。

6.6.4　锗铁渣和含锗烟尘的处理

6.6.4.1　硫酸浸出

在实际生产中，烟尘含锗约370g/t，锗铁渣含锗约0.1~0.21g/L，液固比(8~10)：1，用稀硫酸浸出时发生下列反应：

$$GeO_2 + 2H_2SO_4 = Ge(SO_4)_2 + 2H_2O$$
$$MeGeO_3 + H_2SO_4 = H_2GeO_3 + MeSO_4$$
$$Me_2GeO_4 + 2H_2SO_4 = H_2GeO_3 + 2MeSO_4 + H_2O$$

当终酸pH大于1.5时，锗以H_2GeO_3进入硫酸锌溶液。控制温度70~75℃，浸出时间90min，终酸pH值为1.5~2，锗的浸出率约为74%，浸出渣仍含锗等有价金属，可返回火法部分回收。

6.6.4.2　丹宁沉锗

溶液采用丹宁沉锗工艺。由于硫酸锌溶液还要回收锌，而丹宁是一种高分子有机化合物，其在溶液中的存在会恶化锌电解，故丹宁的加入量应在满足沉锗的条件下越低越好。经研究，当溶液含锗为26~45mg/L时，丹宁为其23~33倍较好；溶液的酸度过高会增加丹宁的消耗量，故溶液酸度不能太高，一般控制在0.5~1.5g/L为宜；溶液中铁离子浓度高时，既增加了丹宁的消耗，又会恶化丹宁沉锗的条件，所以铁离子应控制在40mg/L以下，此时的温度以60~80℃为宜。

丹宁沉锗的沉淀率为96%~99%，回收率为94%~97%。

6.6.5　从丹宁锗回收锗

丹宁锗渣经洗涤、脱水、干燥后灼烧得到锗精矿。

6.6.5.1　灼烧条件

灼烧条件为：炉膛温度750~800℃；物料粒度20~30mm；加料量约70kg/m²，灼烧在箱式电炉中进行。

6.6.5.2　有关物料的成分及指标

丹宁渣和锗精矿的成分见表6-24。

表6-24　丹宁渣和锗精矿的成分　　　　　　　　　（质量分数/%）

项　目	Ge	As	Zn	Pb	S	SiO₂
丹宁渣	0.858~1.15	0.12~7.0	6.28~13.25	0.91~6.0	1.57~2.95	4.5~9.0
锗精矿	8~10	0.38~7.5	4.93~18.94	0.95~8.13	2.495~8.89	

灼烧灼减率为60%~80%，灼烧回收率为82%~99%，得到的锗精矿还需进一步处理，进行氯化蒸馏。

6.6.6 锗精矿的处理流程

锗精矿处理的原则流程如图 6-23 所示。

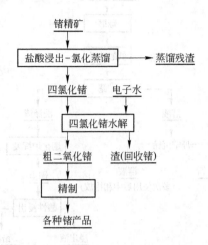

图 6-23 锗精矿处理的原则流程

6.6.7 火-湿法联合工艺处理锗氯化蒸馏残渣

氯化蒸馏的锗残渣平均含锗 0.5%，渣中的锗大多数为四方晶型的 GeO_2 及未灼烧的丹宁锗，它们均不溶于酸，含硅高，并且硅呈酸溶状态，处理过程中易形成硅胶，固液分离困难，残渣酸性大，腐蚀性强，对环境污染严重。如何有效地从锗残渣中回收锗，一直是一个较大的技术难题。锗残渣中锗的存在形态见表 6-25。

表 6-25 锗残渣中锗的存在形态 （质量分数/%）

序 号	全锗	酸溶锗	酸不溶锗	酸不溶锗比例
1	0.55	0.06	0.40	89.00
2	0.5	0.08	0.51	86.40

从表 6-25 中可见，锗残渣中 86% 以上的锗都不溶于酸，从 GeO_2 的性质可知，直接采用湿法处理无法改变锗和硅的存在形态。四方晶型的二氧化锗不溶于水和酸，它在 1033℃ 以下是稳定的，只有当温度达到或超过 1033℃ 时，才可以缓慢地转变为可溶性的 GeO_2，所以必须采用火法处理的方法，才能使其转变为酸性可溶物。

6.6.7.1 处理锗残渣的原则流程

经过多年实践而形成的处理锗残渣的原则流程如图 6-24 所示。获得的锗精矿与其他锗物料一起处理。

6.6.7.2 多膛炉焙烧

多膛炉为一般冶金工业中使用的设备，总面积 33.2m²，共分 4 层，每层有效面积为 8.3m²。燃料为粒径 -0.075mm 占 60% 的粉煤。热电偶安装在第二层，测量温度大于

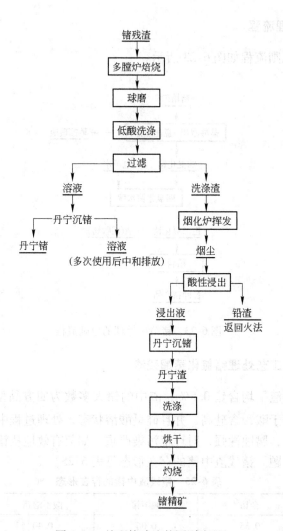

图 6-24 处理锗残渣的原则流程

1000℃，烟气温度为 700 ~ 800℃，料层厚度 500 ~ 1000mm，30min 翻动一次。锗残渣经多膛炉焙烧后，其成分变化见表 6-26。

表 6-26 锗残渣经多膛炉焙烧后的成分变化

名 称	干重/t	烧成率 /%	元素含量 w/%					
			Pb	Zn	Cl	As	Sb	S
锗残渣	164.427		12.55	3.64	0.325	0.498	1.877	7.29
焙烧渣	133.658	81.28	15.55	3.22	0.359	0.458	2.392	6.06
杂质脱除率/%					10.21		3.47	32.42

注：锗残渣中锗的分析误差较大，故未采用。

由表 6-26 可见，氯和硫杂质分别脱除了约 10% 和 32%，其他杂质脱除率均小于 5%。

6.6.7.3　低酸洗涤

锗残渣经焙烧后，用球磨机磨细，再用稀酸洗涤脱氯。

酸洗控制的主要工艺条件为：球磨后粒度为 −0.425mm，浸出温度为 40~55℃，浸出终点 pH 值为 1.5~2.0，液固比（6.5~7）:1。焙烧渣酸洗后，脱氯率可达 35% 以上，焙烧和酸洗作业时氯的总脱出率可达 42% 以上。硅大部分转变为不溶性的稳定硅酸盐固体，所以酸洗后过滤非常容易，但酸洗后，溶液丹宁沉锗作业表明回收到的仅是酸溶锗，尚未转变为酸溶锗的物料需经过烟化炉高温处理，使其转变为六方晶型的可溶性二氧化锗。

6.6.7.4　酸洗渣处理

酸洗渣经烟化炉烟化后，用稀硫酸浸出。

烟化炉在 1250℃ 以上进行吹炼作业，炉内存在碳和一氧化碳，在此高温还原性气氛下，四方晶型的不溶性二氧化锗被还原为 GeO。当温度高于 700℃ 时，GeO 大量挥发进入气相，在高温下又被氧化为 GeO_2 进入烟尘。锗的挥发率在 90% 以上。

烟尘用稀硫酸浸出时，在终酸 pH 值为 1.5~2、液固比 6:1、温度 70~75℃、浸出时间 90min 的条件下，锗的浸出率可达 84% 以上，实际生产中，锗的湿法冶炼直收率约为 74%。浸出渣还含有有价金属，需返回火法工序处理。

该工艺在不改变主流程，不增加设备的情况下，成功地回收了该厂堆存 30 多年的锗残渣，为锗残渣的处理开辟了一条有效的途径。

复习思考题

6-1　鼓风炉处理含锗铅锌矿的造渣成分控制范围是什么？

6-2　简述烟化法处理含锗鼓风炉炼铅炉渣的主要技术指标。

7 含铟鼓风炉炼铅炉渣的烟化法处理

7.1 概　述

铟（In）也属于稀散金属，它是 1863 年由德国科学家赖赫（F. Reich）和他的助手李希特（H. T. Richter）发现的，他们在用光谱法测量闪锌矿中的铊含量时，观察到伴随着铊的绿色特征谱线出现蓝色的新谱线，确定这是一种新元素，并从其特征谱线出发，以希腊文"靛蓝"（indikon）一词命名它为 indium（铟）。

铟直到发现后的 60 年，即 1923 年，才在实验室中有少量产出。1933 年，有将铟添加到合金中的应用。铟大批量的商业应用是在第二次世界大战中。其后，又开辟了许多铟的应用领域，使铟的需求量不断增大。1964 年，世界铟的产量接近 50t；1988 年，突破 100t；1995 年，达到 239t；2000 年为 335t；2004 年为 325t。中国是世界上最主要的产铟国，其产量占世界总产量的 1/3 ~ 1/2。

由于铟具有十分独特而优良的物理和化学性能，尤其是低熔点、高沸点及传导性好的特性，随着世界及我国现代化工业技术的发展，铟已成为高技术的支撑材料之一。

铟的传统应用领域是用于生产半导体、低熔点合金、焊剂、镶牙合金、电子仪表及电器接点的涂层、红外线检测器、核反应堆控制棒、飞机挡风玻璃涂层等。从 1988 年开始，铟的应用领域越来越广泛，大量的铟用于制造液晶装置（如手表、挂钟、计算器及计算机玻璃的透明导电涂层）。在防止玻璃表面产生雾化层方面，铟的用量不断增加，铟涂层最初是在汽车制造业中采用，现已普及到工业及民用建筑业。铟的新应用领域还包括在蓄电池中作添加剂；在太阳能电池中，二硒化铟 – 镓是重要的材料。

铟作为添加剂或组成成分可提高金属强度、硬度和抗蚀性，因而可以镀在飞机、汽车等的高级轴承上，大大提高轴承使用期限。探照灯镜面上镀一层铟，可使镜子不变暗，不怕海水腐蚀，适于航海；铟镉铋合金可用在原子能工业上作吸收中子的材料。

7.2　铟及其主要化合物的性质

7.2.1　铟的物理性质

铟是昂贵的稀散金属，在元素周期表中，位于 ⅢA 族，原子序数为 49，相对分子质量为 114.8。铟的最邻近元素为镓、铊、锡及镉。金属铟具有银白色光泽，外观似锡，比铅还柔软，可用指甲划出痕迹。用力弯曲铟锭时，也会发生类似锡所特有的清脆的哔剥声。铟的熔点很低，沸点却很高（2075℃）。铟具有良好的可锻性和可塑性，在加压的条件下几乎能加工成各种形状。铟通过滑移和生成孪晶而发生形变。

自然界中发现的铟由两种同位素组成：稳定同位素[113]In仅占4.33%，另一同位素[115]In占95.67%并具有微弱的放射性（β放射源，半衰期6×10^{14}a）。铟属四方晶系，体心四方晶胞（bct），晶格常数$a = 0.32512$nm，$c = 0.49467$nm。铟的主要物理性质见表7-1。

表 7-1　铟的主要物理性质

主要物理性质	数　　值
原子体积/cm³·mol⁻¹	15.71
沸点/℃	2075
熔点/℃	156.4
密度(20℃)/g·cm⁻³	7.31
弹性模量(20℃)/GPa	10.6
电阻率(20℃)/Ω·cm	8.37×10^{-6}
熔融潜热/kJ·mol⁻¹	3.27
蒸发潜热(熔点时)/kJ·mol⁻¹	55.57
比热容(20℃)/J·(mol·K)⁻¹	27.4
线膨胀系数(20℃)/K⁻¹	24.8×10^{-6}
热导率(0~100℃)/W·(m·K)⁻¹	71.1
熔化时的体积变化率/%	+2.5
电极氧化－还原电位/V	0.34
电化学当量(In^{3+})/μg	396
表面张力(熔点与沸点之间,T/K)/mN·m⁻¹	$602 - 0.1T$
蒸气压(熔点与沸点之间,T/K)/kPa	$\lg p = 9.835 - 12860/T - 0.7\lg T$
布氏硬度 HB	0.9
拉伸强度/MPa	2.645
伸长率/%	22

7.2.2　铟的化学性质

铟的化学性质与铁相似，原子半径与镉、汞、锡相近。铟在空气中很稳定，不易氧化，不会失去光泽，新鲜断面呈亮白色，在空气中逐渐变暗。超过800℃时，铟在空气中燃烧发出蓝紫色火焰，生成三氧化二铟（In_2O_3）。

加热时铟可直接与卤素、硫族元素及磷、砷、锑等直接化合。有空气存在时，铟在水中缓慢腐蚀。铟在冷的、稀的无机酸中溶解缓慢，在热的稀酸或浓酸中溶解很快，生成相应的铟盐并放出氢气。铟溶于汞，但不溶于热水、碱及多数有机酸。铟的化合价有+1、+2、+3三种，在水溶液中，+3价化合物最为稳定。

在自然界中，铟只有[115]In一种放射性同位素，由核子反应产生的放射性同位素有数十种之多，其中半衰期较长的有[109]In（4.2h）、[110]In（4.9h）、[110]In（1.15h）、[111]In（2.8049d）、[113]In（1.658h）、[114]In（49.51d）、[115]In（4.486h）、[117]In（1.94h）等。

铟对人体无明显危害，但有研究认为铟的可溶性化合物具有毒性。铟盐如与人体组织破伤部位接触可造成人体中毒。

7.2.3　铟的氧化物

铟的氧化物主要有 In_2O、InO、In_2O_3 等，此外，还有介稳氧化物，如 In_3O_4、In_4O_5、In_7O_9 等。在高温下，铟的氧化物中稳定的是 In_2O_3。铟主要氧化物的基本性质见表 7-2。

表 7-2　铟主要氧化物的基本性质

氧化物	色彩	晶型	熔点/℃	沸点/℃	密度/$g \cdot cm^{-3}$
In_2O_3	黄 红棕	立方体心 $a = 11.1056$ 无定形约 10.117Å 气态	1910~2000	850	7.12~7.179
InO	灰		565 升华		
In_2O	黑	立方体心			6.99
$In(OH)_3$	白	$a = (7.558~7.92) \pm 0.005$Å	150 失水离解		4.345~4.45

在高于 850℃ 的温度下，焙烧铟的氢氧化物、碳酸盐、硝酸盐、硫酸盐或在空气中燃烧铟皆可制得 In_2O_3。In_2O_3 是最常见的铟的氧化物。

低温下，In_2O_3 是淡黄色无定型固体，加热后会由暗至棕红色。黄色的 In_2O_3 易溶于酸和碱。在 400~500℃ 范围内，用氢气或其他还原性气体能很容易地把 In_2O_3 还原为金属铟。

当温度低于 400℃ 时，用氢气还原 In_2O_3 可制备 In_2O。In_2O 为无吸湿性的黑色晶状固体，可溶于水但不与水反应，可溶于盐酸并放出氢气。

在高真空或还原性气体中，加热 In_2O 时，可在表面上形成灰白色的 InO。InO 能溶于酸，较难挥发。

7.2.4　铟的氢氧化物

铟的氢氧化物主要有 $In(OH)_3$ 和 $InO(OH)$。$InO(OH)$ 是 $In(OH)_3$ 在高于 411℃ 加热后转变的产物。$InO(OH)_3$ 是两性化合物，不溶于水和氨水，可溶于酸。

三价铟的水溶液中有 $In(H_2O)_5(OH)^{2+}$ 和 $In(H_2O)_4 \cdot (OH)^{3+}$，在较高温度下，可形成多核阳离子 $In(OH_2In)_n^{(3+n)}$。

7.2.5　铟的硫化物

铟的硫化物主要有 In_2S、InS、In_4S_5 和 In_2S_3 等。常温下，稳定的有 InS 和 In_2S_3。铟的硫化物的主要物理性质见表 7-3。

当金属铟或 In_2O_3 溶于热硫酸时，生成 $In_2(SO_4)_3$ 溶液。硫酸铟是一种白色晶状物，为易溶解、溶于水的固体，通常含 5、6 或 10 个结晶水。

7.2.6　铟的卤化物

铟的卤化物有 In^IX、$In^I[In^{III}X_4]$ 和 InX_3 等。铟的主要卤化物的基本物理性质见表 7-4。

表7-3 铟硫化物的主要物理性质

项 目	色 彩	晶 型	熔点/℃	沸点/℃	密度/g·cm^{-3}
InS$_3$	黄 红 （棕）	立方面心 $a = 5.36$Å 尖晶石型 $a = 10.72$Å	$1050 \sim 1095$		$4.613 \sim 4.9$
In$_2$S	黑	$a = 3.944$Å 斜方 $b = 4.447$Å	653 ± 5		$5.87 \sim 6.87$
InS	红	$c = 10.648$Å $a = 9.090$Å	692 ± 5	850 离解	5.18
In$_6$S$_7$	黑	单斜 $b = 3.887$Å $c = 17.705$Å	840		

表7-4 铟的主要卤化物的基本物理性质

物理性质	InF$_3$	InCl	InCl$_3$	InBr
熔点/℃	1170	225		220
沸点/℃	>1200	608	498（升华）	662
密度/g·cm^{-3}	4.39	4.18	3.45	4.96
色泽	白	红，黄	黄，无色	红
离解热/kg·mol^{-1}		428.4		385
ΔH_q（固）/kJ·mol^{-1}		-186.2	-537.2	-175.3
ΔH_q（气）/kJ·mol^{-1}		-75	-374.0	-56.9
晶体结构	六方形	立方	单斜	
水中溶解度	0.040g/100mL （20℃）	分解（快）	66.11g/100g 溶液 （d1.97）22℃	分解（慢）
乙醇中溶解度			53.2g 溶液 （d1.40）22℃	

7.2.7 铟的其他化合物

铟的其他化合物包括铟的磷化物、砷化物、锑化物、磷酸盐、砷酸盐、氮化物、硝酸盐、硒化物、碲化物、氢化物、有机酸盐及其衍生物、有机化合物等。另外，铟与许多金属可以形成合金。下面重点介绍几种铟的其他化合物。

7.2.7.1 铟的半导体化合物

铟的 V 族元素化合物是 Ⅲ - V 族化合物半导体中的重要一支，其中主要有锑化铟、砷化铟、磷化铟和氮化铟，其主要性质及用途见表7-5。

表 7-5   铟的半导体化合物的主要性质及用途

名　称	InSb	InAs	InP	InN
能隙/eV	0.18	0.356	1.35	2.4
晶格常数/nm	0.6478	0.6058	0.5868	$a = 0.3533$, $c = 0.5692$
密度/g·cm^{-3}	5.7751	5.667	4.787	
熔点/℃	525	943	1062	1200
电子迁移率 /cm^2·$(V·s)^{-1}$	8.2×10^4	2.3×10^4	4×10^3	
热导率/W·$(cm·K)^{-1}$	0.18	0.26	0.008	0.004
线膨胀系数/K^{-1}	5.04×10^{-6}	5.3×10^{-6}		
用　途	红外光探测器，霍尔元器件	霍尔元器件	长波长光纤通信用的红外光源及探测器，光电子集成电路	蓝色、紫外发光二极管

此外，铟的氧化物、硫属化合物及一些三元化合物也是重要的半导体材料，主要包括 In_2O_3、In_2S_3、InSe、In_2Se_3、InTe、In_2Te_3、$CuInS_2$、$CuInSe_2$、$CuInTe_2$ 等。其中 $CuInSe_2$（简称 CIS）是 Ⅰ-Ⅲ-Ⅵ$_2$ 型半导体中获得重要应用的材料，利用 CIS 制成的光伏电池，其理论转化效率达 18%，而其原材料成本较低、制备工艺简单，因而在民用太阳能电池材料中颇具竞争力。

7.2.7.2 铟锡氧化物

铟锡氧化物是由高纯 In_2O_3 和高纯 SnO_2 合成的一种玻璃态物质，也称为 ITO（全称 indium tin oxide）。它是一种高度透明（可见光透过率大于 90%）的导电材料（电阻率为 $10^{-4}\Omega·cm$），广泛用于电子工业中的薄膜晶体管（简称 TFT，即 thin film transistor）、液晶平面显示和太阳能电池等的透明电极，此外，ITO 还可用于涂敷汽车、飞机玻璃窗，严寒条件下可用于消除水雾，在触摸式开关选择屏上，ITO 也获得应用。

7.2.7.3 铟的有机化合物

铟的有机化合物有许多种，其中金属有机化学气相沉积系统（MOVPE）工艺用的有机金属源（简称 MO 源）较为重要，目前应用最广的是三甲基铟和三乙基铟。其主要性质见表 7-6。

表 7-6   三甲基铟和三乙基铟的主要性质

名　称	三甲基铟	三乙基铟
英文名称	Trimethylindium	Triethylindium
分子式	C_3H_9In 或 $(CH_3)_3In$	$C_6H_{15}In$ 或 $(C_2H_5)_3In$
简化式	$InMe_3$ 或 TMIn	$InEt_3$ 或 TEIn

名　　称	三甲基铟	三乙基铟
相对分子质量	159.924	202.005
熔点/℃	89~89.8	-32
沸点/℃	135.8	184
密度/g·cm^{-3}	1.568（固体）	1.260（液体）

7.3　铟 资 源

铟在地壳中属于稀有元素，它在元素周期表中的位置在某种程度上说明了它和一系列元素的地球化学关系。铟和镉、锡结合是由于铟和这些元素的原子半径相近；铟和锌的结合是由于周期表内位于对角线上的各元素之间的性质一般相似；铟和镓的结合则是它们共属于同一主族。

有关铟在地球中的丰度（又称克拉克值），文献中不太一致。最低值为 0.1×10^{-6}，最高值为 2.5×10^{-6}。根据地球化学分类，铟属于典型的亲硫元素。在自然界中，单质铟非常罕见，仅在含锡矿床中偶有发现，而且储量甚微。铟主要伴生于方铅矿、闪锌矿、黄铜矿、黄铁矿等硫化矿中。铟在一些矿石中的含量见表7-7。

表7-7　铟在一些矿石中的含量　　　　　　　　　　　　　　　　（g/t）

矿物	黄铜矿	方铅矿	闪锌矿	锡石	黄铁矿	磁黄铁矿	黄锡矿
铟	0.04~1500	2~100	5~10000	2~100	1~100	0.5~200	50~100

在某些铅、锌硫化矿中，铟含量有时高达 $0.05\% \sim 1\%$。铟在闪锌矿中的含量波动在 $0.1\% \sim 0.0001\%$ 之间。在铁、锡含量高的闪锌矿中，铟的含量也较高。据美国地质局的调查统计，2000年，全世界的铟储量约为5700t（以铅锌矿为基础）。其探明储量中约10%集中分布在美国，35%分布在加拿大，日本和秘鲁各占约3%。世界一些国家及地区的铟储量见表7-8。

表7-8　2000年世界一些国家及地区铟的储量　　　　　　　　　　　　　（t）

国家（地区）	工业储量	综合储量
美国	300	600
加拿大	700	2000
中国	400	1000
俄罗斯	200	300
秘鲁	100	150
日本	100	150
其他国家（含欧共体）	800	1500
合　计	2600	5700

表7-8中的铟储量，对中国铟的储量计算明显偏低。我国的铟资源拥有量居世界第一，这是因为，我国已探明的铅储量约为35730kt，锌储量约为93790kt，与铅锌矿共生的

铟储量约为8000t左右。已知的铟矿资源分布在十多个省区，集中分布在广西、云南、广东和内蒙古自治区4个省区，占全国已探明储量的82.9%，占保有储量的84%。我国最佳的铟工业矿床情况见表7-9。值得一提的是，我国铅锌矿床中含铟率高于国外，随着资源勘探工作的深入，可开发的铟资源将继续增加。

表7-9 我国最佳的铟工业矿床情况

矿产类型	铟品位/%	利用状态	矿产地	矿床铟品位/%
锡锌铟矿	0.002 ~ 0.112	已用	广西大厂	0.112
铅锌矿	0.0003 ~ 0.006	已用	青海锡铁山	0.006
多金属矿	0.004 ~ 0.01	已用	云南都龙	0.0052
硫化铜矿	0.0002 ~ 0.004		湖北吉龙山	0.004

7.4 铟的提取方法

由第7.3节铟的资源情况可以看出，铟在自然界中的含量非常少，并且多数铟伴生在有色金属矿物中。因此，铟的提取方法就是研究如何从提取锌、铅、锡等有色金属后的副产品中提取、回收铟的方法。

7.4.1 铟在有色金属冶炼过程中的行为

7.4.1.1 铟在锌火法冶炼过程中的行为

锌精矿在850 ~ 930℃下进行氧化焙烧时，铟的绝大部分留在焙砂中，随后可用湿法炼锌或火法炼锌处理焙砂。

在火法炼锌的烧结焙烧过程中，铟的挥发甚微。若用制团和焦结来代替烧结焙烧，则在团矿焦结时部分铟（约20%）呈In_2O和InO状态升华并在灰尘中富集。当在蒸罐炉中还原烧结块或团矿时，大约有60% ~ 70%的铟和锌一起蒸馏，有10% ~ 15%的铟留在蒸罐炉残渣中，其余的铟分布在其他升华物中，即灰尘中。根据铟在精矿中含量的不同，粗锌含铟在0.002% ~ 0.007%之间。当在精馏塔中精炼粗锌时，作为高沸点金属的铟将富集在铅馏分中，然后再在精炼铅的过程中予以提取。在锌火法冶炼过程中，团矿焦结炉的灰尘和粗锌精馏提纯过程中的铅馏分，都是提取铟的原料。

7.4.1.2 铟在锌湿法冶炼过程中的行为

在锌湿法冶炼过程中，当锌焙砂中性浸出时，绝大部分铟留在不溶的浸出渣中，此外，在中性浸出渣中，还富集有铁、镓、锗和其他元素的氧化物。中性浸出后，一部分铟还有可能留在硫酸溶液中，因而除铜、镉后所得的铜镉渣里还有少量的铟存在。大部分的酸浸渣用威尔兹法或烟化法处理，捕集的烟尘收集后作为提取铟的原料。

7.4.1.3 铟在铅冶炼过程中的行为

如前所述，铅的生产包括以下几个主要工序：铅精矿的烧结焙烧、鼓风炉熔炼、粗铅精炼。在采用烧结机进行烧结焙烧时，铟挥发甚微。在鼓风炉熔炼时，铟在铅和渣中的分布大体持平，部分铟进入烟尘。在鼓风炉熔炼时铟的大致分布见表7-10。

表 7-10　鼓风炉熔炼时铟的分布和含量　　　（质量分数/%）

熔炼产物	铟含量	占总铟量的百分数
粗铅	0.001 ~ 0.002	30 ~ 35
炉渣	0.001 ~ 0.0015	40 ~ 45
灰尘	0.008 ~ 0.01	20 ~ 25

铅熔炼炉渣部分返回到烧结焙烧，其余的炉渣通常用威尔兹法处理，进一步富集锌、铅和铟等稀散金属。

将粗铅精炼，依次除去铜（熔析法或用硫处理）和锌（空气氧化法）及其他杂质。在铅的精炼过程中，约80% ~90%的铟进入含铜浮渣和氧化物（浮渣）中，铟在其中的含量达到万分之几甚至千分之几。含铜浮渣通常采用反射炉熔炼，熔炼后得到粗铅、铜锍（主要是铜的硫化物）、渣和烟尘。在含铜浮渣中，铟分布在熔炼的全部产物中，而在烟尘（含量约为0.1% ~0.4%）和熔渣中含量最高，因此，在铅冶炼过程中，精炼铅的产物，如含铜浮渣、氧化物（浮渣）以及铜浮渣反射炉熔炼后的烟尘和熔渣等均可作为提取铟的原料。

7.4.1.4　铟在锡冶炼过程中的行为

锡生产的实质是精矿或精矿焙烧后的焙砂还原熔炼和粗锡的精炼。熔炼锡精矿时，铟分布在烟尘（约75%）和粗锡（约20%）中。粗锡中含铟可达0.1%。锡烟尘通常都要进行处理（熔炼或还原焙烧），此时，大部分铟富集在二次烟尘中。当进行锡的阳极精炼时，铟积聚在电解质中，其浓度可达18 ~20g/L，由此可见，在锡冶炼生产过程中，烟尘和用后的电解质都是提取铟的原料。

7.4.2　铟的提取方法

铟的提取方法较多，下面介绍几种主要的提取方法。

7.4.2.1　氧化造渣法提取铟

氧化造渣法利用铟对氧的亲和力大大超过铅对氧的亲和力的原理，在粗铅精炼时，铟在浮渣中富集，然后使浮渣中的铟转入溶液，按图7-1所示的流程进行处理。所得海绵铟在碱覆盖下，在350℃左右熔炼即可制得99.5%的铟。将含80 ~100g/L铟、100g/LNaCl的电解液，在电流密度为50 ~100A/m^2及0.25 ~0.35V的槽电压下电解，即能制得纯度为99.99%的铟，此时的电流效率可达95% ~99%。

7.4.2.2　电解富集法提取铟

该法是在氨基磺酸电解铅基础上改进的方法。当用来处理含铟的铅合金时，确定的电解富集提铟法流程如图7-2所示。在100g/L氨基磺酸（H_2NSO_2OH）、80g/L氨基磺酸铅、0.4g/L明胶的电解液中，采用100A/m^2电流、0.27V的电压电解铅，电流效率在95%以上。过程中铟富集于阳极泥，可按前述的氧化造渣法回收铟。

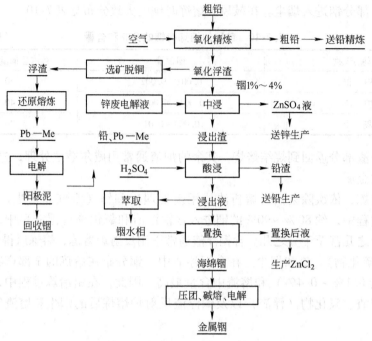

图 7-1　氧化造渣法提取铟流程

7.4.2.3　离子交换法提取铟

前苏联的锌厂用离子交换法提取含铟的锌镉渣，铟的回收率可达 94%。德国的杜依斯堡（Duisburg）铜厂采用钠型亚氨二醋酸阳离子树脂从锌镉渣中提取铟，所用流程如图 7-3 所示。此法选择吸附性好，但成本高。在盐酸溶液体系内，可用 H 型 KY-2 强酸性阳离子交换树脂吸附铟，用 0.2mol/L 盐酸或 NH_4OH 解析铟。

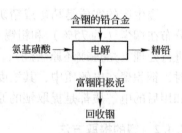

图 7-2　电解富集提取铟法流程

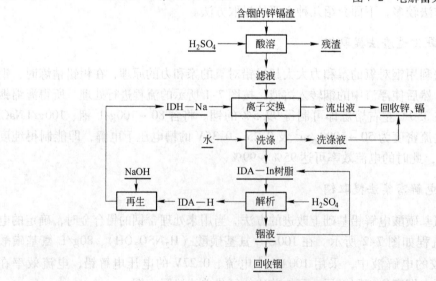

图 7-3　离子交换法提取铟流程

7.4.2.4 硫酸焙烧法提取铟

许多国家用硫酸化焙烧法从含铟烟尘中回收铟，采用的流程如图 7-4 所示。在硫酸化过程中，由于 SO_2 的还原作用，可从烟气中回收硒，从中和液中经多次沉淀回收铊，用于置换和电解法回收铟，此过程中，铟的回收率可达 80%。该法把物料中的铟等转变为硫酸盐和氧化物，而使氟、氯及砷等杂质挥发而除去。

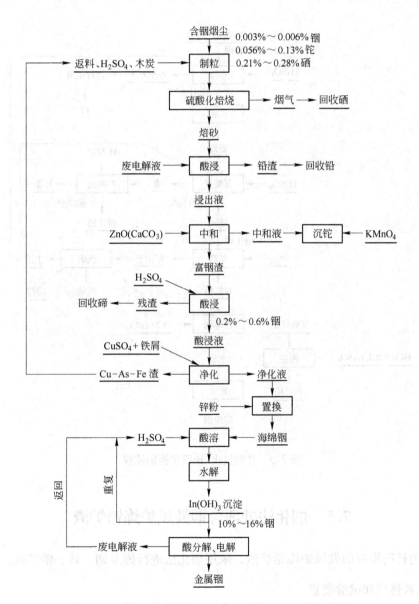

图 7-4 湿式硫酸化焙烧法综合回收铟（硒、铊）流程

用浓硫酸硫酸化的方法称为湿式硫酸化法，目前多数国家都采用此种酸化方法。鉴于固态硫酸盐（如 $FeSO_4$）容易运输，腐蚀性不大，生产时劳动条件好，所以有用 $FeSO_4$ 代替 H_2SO_4 进行干式酸化的研究。

7.4.2.5 热酸浸出 - 铁矾法回收铟

在我国，冶金工作者利用铟与铁在用 P_{204} 萃取时动力学上的差异，选用环隙式离心萃取器，在水流比为 15～30 的情况下，从锌焙砂、含铟烟尘的浸出液中快速萃取铟，萃铟率超过 96%，而铁仅被萃取 3.7%，基本上避免了 Fe^{3+} 的干扰。在试生产中，铟的回收率超过 82%，采用流程如图 7-5 所示。

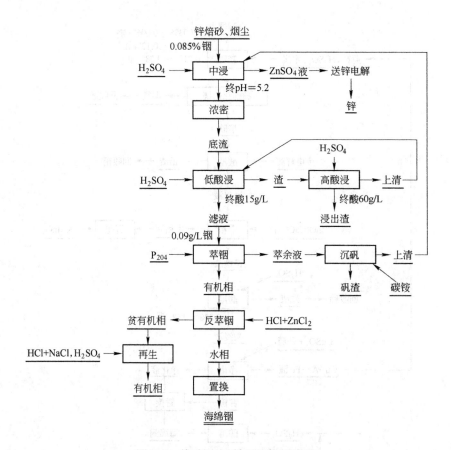

图 7-5 热酸浸出 - 铁矾法提铟流程

7.5 烟化法处理含铟鼓风炉炼铅炉渣

对两类长期堆存的鼓风炉炼铅炉渣，采用烟化法进行挥发铟、锌、铅试验。

7.5.1 试料性质和试验装置

7.5.1.1 I 类炉渣的化学分析

对历年堆存的 I 类含铟鼓风炉炼铅炉渣综合取样的化学分析结果见表 7-11，从表 7-11 中可以看出，此类炉渣中有价元素锌、铟含量较高，有回收价值。

表7-11　Ⅰ类炉渣的化学成分

元　素	Pb	Zn	Fe	CaO	MgO	SiO_2	Al_2O_3	In
质量分数/%	0.99	5.86	21.16	19.04	1.75	29.03	7.23	75.75g/t

7.5.1.2　Ⅰ类炉渣的X射线衍射

采用日本产3015型X射线衍射分析仪，管压：25kV，管流：20mA，靶管：Cu K_α，考察Ⅰ类炉渣的物相组成，结果如图7-6和图7-7所示。

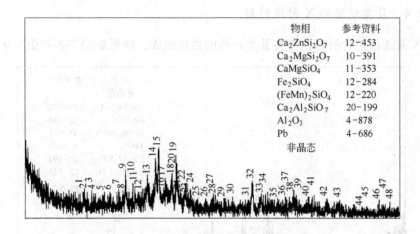

图7-6　Ⅰ类炉渣的X射线衍射图

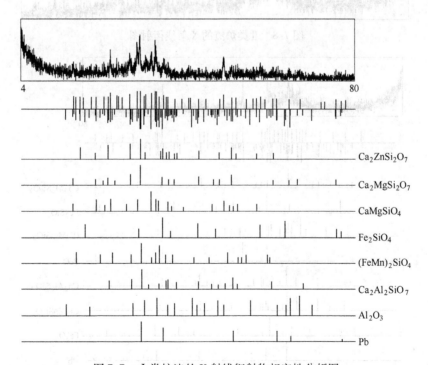

图7-7　Ⅰ类炉渣的X射线衍射物相定性分析图

7.5.1.3　Ⅱ类炉渣的化学分析

Ⅱ类鼓风炉炼铅炉渣综合取样的分析结果见表 7-12。从表 7-12 中可以看出，Ⅱ类炉渣中有价元素锌、铅含量较高，且含有一定量的铟，具有回收价值。

表 7-12　Ⅱ类炉渣的化学成分

元　素	Pb	Zn	Fe	CaO	MgO	SiO$_2$	Al$_2$O$_3$	In
质量分数/%	2.23	13.57	20.60	20.00	10.5	21.93	5.38	44.1g/t

7.5.1.4　Ⅱ类炉渣的 X 射线衍射

采用 X 射线衍射分析仪，考察Ⅱ类炉渣的物相组成，结果如图 7-8 和图 7-9 所示。

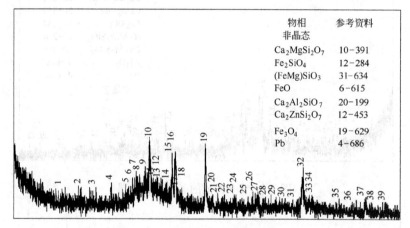

图 7-8　Ⅱ类炉渣的 X 射线衍射图

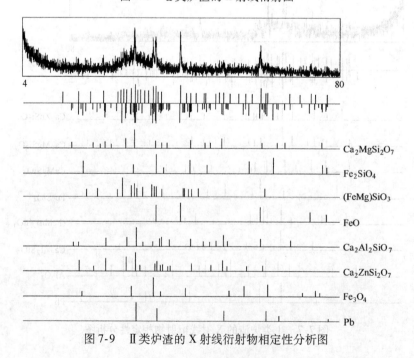

图 7-9　Ⅱ类炉渣的 X 射线衍射物相定性分析图

7.5.1.5 燃料（还原剂）

试验采用井式坩埚电炉提供反应所需主要热量，适当配以焦炭作为发热剂和固体还原剂，气体还原剂为焦炭在煤气发生炉内产生的 CO 气体。焦炭的化学成分见表 7-13。

表 7-13　焦炭的化学成分　　　　　　　　　　　　　（质量分数/%）

固定碳	灰分	S	灰分组成				
			SiO_2	Fe	CaO	Mg	Al_2O_3
69.51	27.03	0.13	52.28	3.72	4.07	1.08	27.38

7.5.1.6 加料方式

试验过程中采用一次加料和间断投料两种方式。间断投料试验时，中途不排放渣，试验周期相对较长。

7.5.1.7 试验设备

试验所用的主要设备见表 7-14。

表 7-14　试验所用的主要设备

设备名称	型号	生产厂家	备注
井式坩埚电炉	CSK-13-13	长沙试验电炉厂	加热室尺寸 $\phi = 100 \times 300mm$，最高温度 1300℃，功率 12kV·A
无油气体压缩机	WM-2B	天津医疗器械厂	排气压力 0.3MPa，流量 $0.9m^3/h$
综合高温燃烧炉			自制
石墨坩埚	5号		2个
不锈钢管			$\phi = 10mm/5mm$
测气仪		宁波试验仪器厂	

7.5.1.8 操作步骤

小型试验装置简图如图 7-10 所示。

试验用黏合的坩埚作为反应器，改用顶吹的方式进行吹炼。反应器内粉煤作为固体还原剂和发热剂，高温燃烧炉产生煤气作为气体还原剂。试验未设烟气回收装置，烟气直接从坩埚反应器顶部开口处排出。具体操作步骤如下：

（1）将一个 5 号坩埚的底部打通，与另一个 5 号坩埚用水玻璃密封，形成圆柱状；

（2）将准备好的试料加入圆柱状坩埚容器内，再放入井式坩埚电炉；

（3）升高井式坩埚电炉温度至试验设定的烟化作业温度；

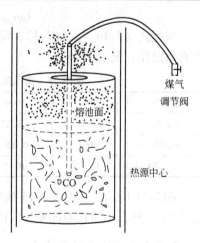

煤气
调节阀

熔池面

热源中心

CO

图 7-10　试验装置简图

(4) 煤气流量经调节后,通过导管与不锈钢管连接;

(5) 不锈钢管内煤气由坩埚开口处与预热反应器内的试料进行烟化反应;

(6) 适时对烟化反应中的试料取样,检测化验。

在试验过程中,应用该装置具有很多有利因素,当然,也存在一些不足。其有利条件是:

(1) 反应器内还原气氛可控。调节气体压缩机鼓入的空气量,可以改变导管内的煤气流量,从而控制反应器内 CO 的流速及反应器内的还原气氛。

(2) 空气过剩系数可调节。试验中,如改变煤气发生炉的温度,会影响发生炉内产生的煤气成分。煤气发生炉温度越高,则空气过剩系数的值越大。

(3) 炉内温度可随时调节。炉内温度可控是装置的最大优点,通过调节井式坩埚的电阻,可随时升高或降低炉内温度,这对考查炉渣的黏度、熔点、流动性等极为方便。

(4) 可根据烟化状况调节渣型。坩埚的开口处为加入熔剂提供了方便条件,需要调节炉渣渣型时,可以将熔剂直接投入反应器熔渣中,方便快捷。

该装置也存在反应器过小、反应器熔池内温度不均衡等不足。

7.5.2   I 类含铟鼓风炉炼铅炉渣的烟化试验法

7.5.2.1   铟的挥发性能

如前所述,铟单质的熔点为 156.6℃,沸点为 2075℃。一般认为 In_2O_3 还原挥发物的主要成分是 In 蒸气和 In_2O 蒸气,炉渣中铟元素挥发能力的大小,决定于单质铟及其氧化物的蒸气压的大小。

$$\ln p_{In}^{\ominus} = -27723.1/T - 16.669 \tag{7-1}$$

$$\ln p_{In_2O}^{\ominus} = -56548.0/T + 35.521 \tag{7-2}$$

铟元素挥发过程中起决定作用的是铟挥发物的有效总压:

$$p_{eff} = p_{In} + 2p_{In_2O} \tag{7-3}$$

即:

$$\ln p_{eff} = -33663.7/T + 22.604 \tag{7-4}$$

根据式(7-1)~式(7-4),可计算出铟、In_2O 在高温下蒸气压的近似值和铟挥发物的有效总压,见表7-15。

表 7-15   高温阶段铟的有效总压以及铟、In_2O 的蒸气压

温度/℃	900	1000	1100	1200	1300	1400
p_{eff}/Pa	0.0026	0.0215	0.147	0.779	3.33	11.97
p_{In}/Pa	0.001	0.006	0.03	0.116	0.385	1.1
p_{In_2O}/Pa	10^{-5}	10^{-4}	0.003	0.056	0.65	5.59

图 7-11 所示为根据表 7-15 的数据绘制的铟、In_2O 等的蒸气压与温度的关系曲线。由图 7-11 可见,单质铟的挥发蒸气压很小,但铟挥发物的有效总压相对较大。

7.5.2.2   锌的挥发性能

锌的熔点为 419℃,沸点为 906℃。锌单质蒸气压与温度的关系可计算为:

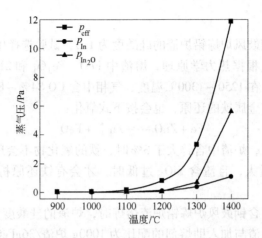

图 7-11 铟的有效总压以及铟、In_2O 的蒸气压与温度的关系曲线

$$\lg p_{Zn}^{\ominus} = -6620/T - 1.255\lg T + 14.465 \quad (693 \sim 1180K)$$

试验实际测定的高温阶段锌和 ZnO 的蒸气压与温度的关系见表 7-16 和表 7-17，关系曲线如图 7-12 所示。

表 7-16 锌的蒸气压与温度的关系

温度/℃	900	1000	1100	1200	1300	1400
$p_{Zn}^{\ominus}$/Pa	0.932×10^5	2.334×10^5	5.078×10^5	9.878×10^5	17.56×10^5	29.01×10^5

表 7-17 ZnO 的蒸气压与温度的关系

温度/℃	900	1000	1100	1200	1300	1400
$p_{ZnO}^{\ominus}$/Pa	—	—	—	$< 1.333 \times 10^2$	2.0×10^2	4.0×10^2

由表 7-16 和表 7-17 的对比可知，锌的蒸气压比 ZnO 的蒸气压大得多，因此，烟化过程中要强化锌的还原反应，这有利于锌的挥发。

7.5.2.3 物料的熔点及流动性考查

物料熔点与流动性定性考查：称取 400g Ⅰ类含铟鼓风炉炼铅炉渣综合样，加入 5g 焦炭，将其均匀混合后置入 5 号石墨坩埚内，放入井式坩埚电炉中，升温至 1300℃后，保温 30min，此时物料无法熔化，说明 Ⅰ 类炼铅炉渣的熔点较高，需通过配置适当的渣型，降低其熔点。

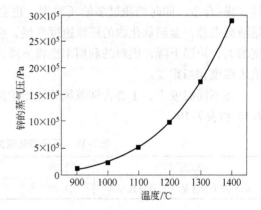

图 7-12 单质锌的蒸气压与
温度的关系曲线

如前所述，物料不熔或流动性恶化的原因通常是 SiO_2 含量过高或有尖晶石类的结晶体析出。根据炉渣离子理论，此时加入碱性物质如 FeO、CaO 等，能破坏硅氧阴离子链，

使炉渣黏度下降。

经计算，Ⅰ类含铟鼓风炉炼铅炉渣的硅酸度为 1.3，试验选择用加入助熔剂的 FeO 来降低此类炉渣的熔点。根据热力学原理，熔渣中 FeO、Fe_3O_4 和 $2FeO \cdot SiO_2$ 的还原需要相当强的还原性气氛，在 1250~1300℃ 温度、气相中含 CO 84%~87% 的条件下，FeO 仍较难还原，即使局部有金属铁的还原，也会按下式氧化：

$$Fe + ZnO \rightleftharpoons Zn \uparrow + FeO$$

热力学研究还表明，炉渣中含锌大于 3% 时，铁的氧化物不会还原为金属。只有在渣含锌过低，还原气氛过大，且渣含 SiO_2 过低时，才会有铁还原析出形成积铁或铁-锌、铁-锡合金。

试验中，选定Ⅰ类含铟鼓风炉炼铅炉渣熔炼时，炉渣的硅酸度为 1.2。据此可计算出Ⅰ类含铟鼓风炉炼铅炉渣与加入助熔剂的配比为 1000g 炉渣/36gFeO。经过渣型调整后的Ⅰ类含铟鼓风炉炼铅炉渣，在烟化温度 1300℃ 时顺利熔化，此时炉渣流动性良好，烟化反应剧烈，坩埚开口处火焰呈淡蓝色。若降低温度在 1200℃ 以下时，Ⅰ类含铟鼓风炉炼铅炉渣熔化后黏度较大，炉渣与不锈钢管黏结严重，并且有积铁现象。

7.5.2.4　焦炭耗量

试验选择空气过剩系数 α 值为 1，由烟化炉反应：$ZnO + CO(C) = Zn \uparrow + CO_2(CO)$ 及表 7-13 中焦炭的含炭量计算，若烟化处理 1000g Ⅰ类含铟鼓风炉炼铅炉渣，则需要 20g 焦炭作为还原剂。

7.5.2.5　温度条件

烟化法中，温度条件对锌、铟挥发速度有重要的影响。其他条件一定时，温度越高，金属的挥发效果越好，挥发速度越快，炉渣中金属的含量越低。实际上，熔炼过程中，温度也不宜过高，如熔炼温度高于 1350℃ 时，助熔剂 FeO 可能会被碳还原，形成积铁或锌-铁、锡-合金，同时消耗过多的还原剂，也会降低烟化炉的使用寿命。如烟化温度过低，熔渣会发黏，金属氧化物的还原速度变慢，金属挥发速度降低，炉渣流动性变坏，CO 浓度增大，炉温下降，燃料的利用率也将下降，放渣时甚至有结炉的危险。因此选定适宜的冶炼温度相当重要。

在不同温度下，Ⅰ类含铟鼓风炉炼铅炉渣烟化 60min 时，烟化渣中锌、铟的含量见表 7-18 和表 7-19。

表 7-18　不同烟化温度下烟化渣中锌的含量

烟化温度/℃	1220	1240	1260	1280	1300
烟化渣中锌含量（质量分数）/%	1.70	1.42	0.93	0.48	0.24

表 7-19　不同烟化温度下烟化渣中的铟含量

试验温度/℃	1220	1240	1260	1280	1300
烟化渣中铟含量（质量分数）/$g \cdot t^{-1}$	41.19	23.68	20.56	18.71	17.83

根据表 7-18 和表 7-19 的数据，可绘制出烟化法处理Ⅰ类含铟鼓风炉炼铅炉渣时，烟

化温度与烟化渣中锌、铟含量的关系曲线，如图 7-13 和图 7-14 所示。

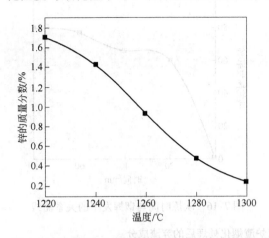 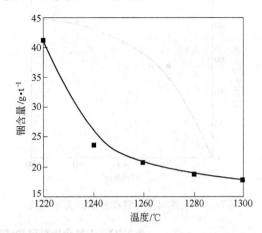

图 7-13 烟化温度与烟化渣中锌含量的关系曲线　　图 7-14 烟化温度与烟化渣中铟含量的关系曲线

试验控制烟化温度为 1250℃，在通入煤气 60min 后，烟化渣中锌的含量已降至 1.18%，铟的含量为 21.83g/t，由此确定 I 类炉渣的烟化温度为 1250℃。

7.5.2.6 烟化时间

如前所述，吹炼时间是一个重要的工艺参数，吹炼时间的长短直接影响着金属的挥发率。时间越短，烟化作业的生产效率越高。烟化温度为 1250℃ 时，I 类含铟鼓风炉炼铅炉渣吹炼时间与锌、铟挥发率的关系见表 7-20 和表 7-21。

表 7-20　不同吹炼时间下锌的挥发率

吹炼时间/min	20	40	60	80
锌的挥发率/%	56	71	83	85

表 7-21　不同吹炼时间下铟的挥发率

吹炼时间/min	20	40	60	80
铟的挥发率/%	60	66	77	80

根据表 7-20 和表 7-21 的数据，可绘制出烟化法处理 I 类含铟鼓风炉炼铅炉渣时，吹炼时间与锌、铟挥发率的关系曲线，如图 7-15 和图 7-16 所示。由此可见，随着吹炼时间的延长，I 类渣中锌、铟的挥发率不断升高，但吹炼 60min 以后，锌、铟挥发率的上升不再明显。由此确定 I 类含铟鼓风炉炼铅炉渣适宜的吹炼时间为 60min，此时炉渣中锌的挥发率为 83%，铟的挥发率为 77%。

7.5.2.7 试验结果和讨论

称取 500g I 类炉渣，配入 18gFeO，10g 焦炭，充分混匀后置入 5 号坩埚中，放入井式电炉内进行烟化试验。试验中，控制炉内温度 1250℃，空气过剩系数 α 值为 1，通入煤气时间 60min。多次试验后，烟化渣综合样的分析结果见表 7-22。试验中，锌的挥发率为 83%，铟的挥发率为 77%，此时，铅的挥发率为 91%。

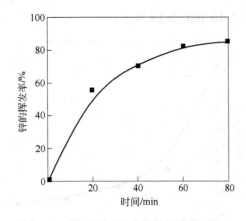

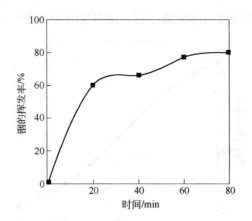

图 7-15　吹炼时间与锌挥发率的关系曲线　　　图 7-16　吹炼时间与铟挥发率的关系曲线

表 7-22　I 类含铟鼓风炉炼铅炉渣烟化处理后的弃渣成分

元　素	Pb	Zn	Fe_2O_3	CaO	MgO	SiO_2	Al_2O_3	In
含量(质量分数)/%	0.05	1.18	26.32	22.27	3.09	35.59	9.46	21.83g/t

不同烟化温度下，烟化渣中的铟含量与吹炼时间的关系曲线如图 7-17 所示。

无论铟以何种状态挥发，升高温度都可以加快铟的挥发。熔炼温度较高时，曲线变化较为缓和，这主要是：（1）高温时，还原气氛强烈，易使挥发性较强的氧化亚铟被还原为挥发性较弱的金属铟，使铟的挥发率相对下降；（2）$p_{eff} = p_{eff}^{\ominus} \cdot a_{eff}$ 中，活度 a_{eff} 随着挥发的进行逐渐下降。在炉渣熔体中，根据炉渣共存理论和亨利公式，活度与质量百分之一的浓度相等，活度的计算方法为：

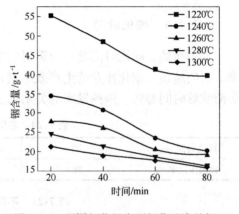

图 7-17　不同烟化温度下烟化渣中的铟含量与吹炼时间的关系曲线

$$\alpha_{MO} = \chi_{MO} = \chi_M^{2+} + \chi_O^{2-}$$

随着铟的不断挥发，会降低 χ_M^{2+}、χ_O^{2-} 的数值，从而减小了铟的有效活度，进而阻碍了铟的继续挥发。

在吹炼 60min 以后，温度对铟挥发的影响不再明显，其主要原因是铅、锌等的不断挥发，使烟化渣中 SiO_2 的含量相对增加、黏度变大，铟的扩散阻力增大，进一步的挥发变得困难。因此，在铟的挥发过程中，控制反应器内的弱还原气氛（也称弱氧化气氛）尤为重要。

日本学者曾对 $CaO\text{-}SiO_2\text{-}FeO_x$ 渣系中的 ZnO 活度进行过研究，给出了 1300℃时 ZnO 的活度系数图，如图 7-18 所示。从图 7-18 中可以看到，ZnO 的活度系数随 FeO_x 含量的增加而增加，随 SiO_2 含量的增加而降低。

图 7-19 所示为不同烟化温度下，烟化渣中的锌含量与吹炼时间的关系曲线。锌的挥发与烟化温度、反应器内的气氛及形态有很大关系。高温和强还原气氛对锌化合物的还原和挥发有利。此外，锌还原、挥发的难易程度还与锌在炉渣中与其他组成的结合形态有

关，熔渣中 SiO_2 含量过高对锌的挥发不利，随着铅、锌等的不断挥发而从炉渣中除去，炉渣中 SiO_2 含量将不断升高，其黏度也不断增大，试验后期甚至出现了喷吹压力变大，堵塞钢管管口，试验结束倒渣时炉渣与坩埚黏结等现象。

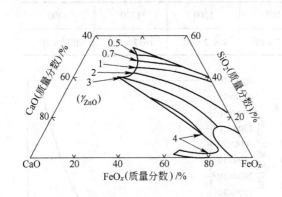

图 7-18 1300℃ 时 ZnO 的活度系数图

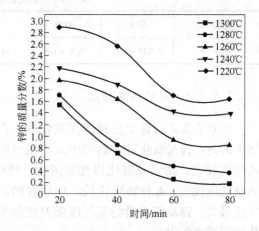

图 7-19 不同烟化温度下烟化渣中的锌含量
与吹炼时间的关系曲线

7.5.3 Ⅱ类含铟鼓风炉炼铅炉渣的烟化试验法

7.5.3.1 铅的挥发性能

如前所述，单质铅的熔点 600K，沸点 2013K，铅的蒸气压可计算为：

$$\lg p_{Pb}^{\ominus} = -10130/T - 0.985\lg T + 13.285 \quad (601 \sim 1798K) \quad (7-5)$$

由式(7-5)计算出的铅蒸气压与温度的关系见表 7-23，根据表 7-23 的数据可绘制出铅蒸气压随温度变化的关系曲线，如图 7-20 所示。

表 7-23 铅蒸气压与温度的关系

温度/℃	900	1000	1100	1200	1300	1400
$p_{Pb}^{\ominus}$/Pa	0.422×10^2	1.858×10^2	6.552×10^2	19.37×10^2	49.69×10^2	113.4×10^2

氧化铅的蒸气压可分段求得：

$$\lg p_{PbO}^{\ominus} = -13480/T - 0.92\lg T$$
$$- 0.00035T + 16.505 \quad (298 \sim 1155K)$$
$$(7-6)$$

$$\lg p_{PbO}^{\ominus} = -13480/T - 0.92\lg T$$
$$- 0.00035T + 16.505 \quad (1155 \sim 1743K)$$
$$(7-7)$$

根据式(7-6)和式(7-7)，可计算出氧化铅的蒸气压与温度的关系，见表 7-24，根据表 7-24 的数据可绘制出氧化铅蒸气压随温度变化的关系曲线，如图 7-21 所示。由图 7-20

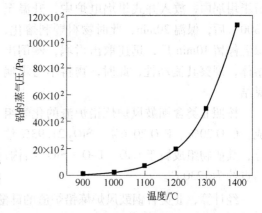

图 7-20 单质铅的蒸气压随温度变化的关系曲线

和图 7-21 的对比可知，氧化铅的蒸气压比铅的蒸气压大得多，说明氧化铅具有更强的挥发性能。

表 7-24　氧化铅蒸气压与温度的关系

温度/℃	900	1000	1100	1200	1300	1400
$p_{PbO}^{\ominus}$/Pa	4.037×10^2	26.6×10^2	130.7×10^2	508.2×10^2	1637×10^2	4515×10^2

7.5.3.2　锌的挥发性能

本章 7.5.2 已讨论过锌的挥发性能，需指出的是：锌及氧化锌在熔渣中，单质锌的蒸气压较大，而铅及氧化铅在熔渣中，PbO 的蒸气压较大，4 种物质比较，单质锌的蒸气压最大，锌及氧化铅的蒸气压随温度的变化情况见表 7-25。

根据表 7-25 可绘制出锌和氧化铅的蒸气压随温度变化的关系曲线，如图 7-22 所示。从图 7-22 中可更加明显地看到，单质锌属最易挥发的物质。

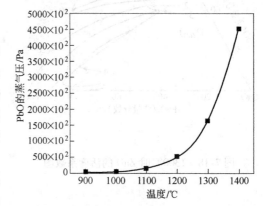

图 7-21　氧化铅的蒸气压随温度变化的关系曲线

表 7-25　锌和氧化铅蒸气压随温度的变化情况

温度/℃	900	1000	1100	1200	1300	1400
$p_{Zn}^{\ominus}$/Pa	93.2×10^3	233.4×10^3	507.8×10^3	987.8×10^3	1756×10^3	2901×10^3
$p_{PbO}^{\ominus}$/Pa	0.4037×10^3	2.66×10^3	13.07×10^3	50.82×10^3	163.7×10^3	451.5×10^3

7.5.3.3　物料的熔点及流动性考察

称取 450g Ⅱ 类含铟鼓风炉炼铅炉渣综合样，加入 5g 焦炭，将其均匀混合后置入 5 号石墨坩埚内，放入井式坩埚电炉中，升温至 1300℃ 后，保温 20min，此时物料顺利熔化，保温停留 10min 后，迅速取出坩埚，倾倒出熔体，观察其流动性，此时，物料不与坩埚黏结。

按照 Ⅱ 类含铟鼓风炉炼铅炉渣的化学组成：CaO 20%、FeO 20.6%、SiO_2 21.93% 估算，其矿物组成属于 $CaO \cdot FeO \cdot SiO_2$ 结构，熔点约为 1230℃。

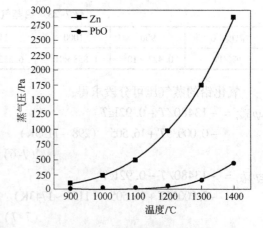

图 7-22　锌和氧化铅的蒸气压随
温度变化的关系曲线

经计算，Ⅱ 类含铟鼓风炉炼铅炉渣的硅酸度为 1.2，因此，试验中未加入助熔剂而直接进行烟化试验。

7.5.3.4 工艺条件确定

确定焦炭耗量：仍选择空气过剩系数 α 值为 1，经计算，采用表 7-13 的焦炭，烟化处理 1000gⅡ类含铟鼓风炉炼铅炉渣，焦炭耗量为 45g。

不同温度下，Ⅱ类含铟鼓风炉炼铅炉渣烟化 60min 时，烟化渣中锌、铅的含量见表 7-26 和表 7-27。根据表 7-26 和表 7-27 的数据，可绘制出烟化法处理Ⅱ类含铟鼓风炉炼铅炉渣时，烟化温度与烟化渣中锌、铅含量的关系曲线，如图 7-23 和图 7-24 所示。

表 7-26 不同烟化温度下烟化渣中锌的含量

试验温度/℃	1240	1260	1280	1300
烟化渣中锌含量(质量分数)/%	3.51	1.69	1.14	0.68

表 7-27 不同烟化温度下烟化渣中铅的含量

试验温度/℃	1240	1260	1280	1300
烟化渣中铅含量(质量分数)/%	0.1	0.06	0.024	0.021

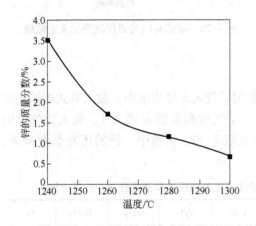

图 7-23　烟化温度与烟化渣中锌含量的关系曲线

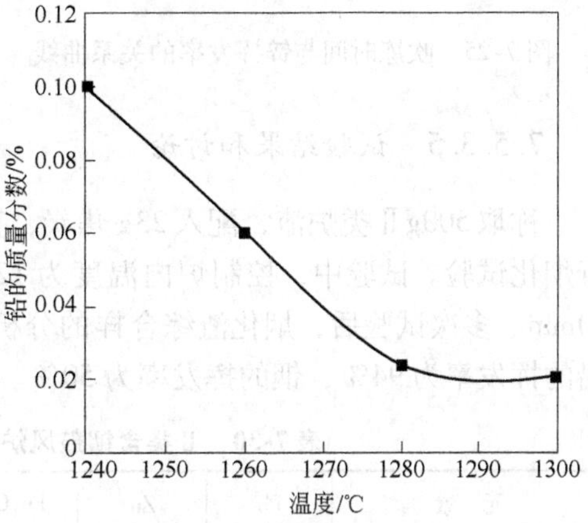

图 7-24　烟化温度与烟化渣中铅含量的关系曲线

试验控制烟化温度为 1270℃，在通入煤气 60min 后，烟化渣中锌的含量已降至 1.3%、铅的含量 0.3%，由此确定Ⅱ类炉渣的烟化温度为 1270℃。

烟化温度为 1270℃时，Ⅱ类含铟鼓风炉炼铅炉渣吹炼时间与锌、铅挥发率的关系见表 7-28 和表 7-29。

表 7-28 不同吹炼时间下锌的挥发率

吹炼时间/min	20	40	60	80
锌的挥发率/%	83	88	92	93

表 7-29 不同吹炼时间下铅的挥发率

吹炼时间/min	20	40	60	80
铅的挥发率/%	92	94	95	97

根据表7-28和表7-29的数据，可绘制出烟化法处理Ⅱ类含铟鼓风炉炼铅炉渣时，吹炼时间与锌、铅挥发率的关系曲线，如图7-25和图7-26所示。由此可见，随着吹炼时间的延长，Ⅱ类渣中锌、铅的挥发率不断升高，但吹炼40min以后，锌、铅挥发率的上升不再明显，由此确定Ⅱ类含铟鼓风炉炼铅炉渣适宜的吹炼时间为40min，此时炉渣中锌的挥发率为88%，铅的挥发率为94%。

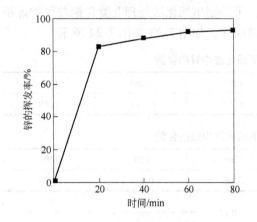

图7-25　吹炼时间与锌挥发率的关系曲线　　　图7-26　吹炼时间与铅挥发率的关系曲线

7.5.3.5　试验结果和讨论

称取500gⅡ类炉渣，配入23g焦炭，充分混匀后置入5号坩埚中，放入井式电炉内进行烟化试验。试验中，控制炉内温度为1270℃，空气过剩系数 α 值为1，通入煤气时间40min。多次试验后，烟化渣综合样的分析结果见表7-30。试验中，锌的挥发率为88%，铅的挥发率为94%，铟的挥发率为50%。

表7-30　Ⅱ类含铟鼓风炉炼铅炉渣烟化处理后的弃渣成分　　（质量分数/%）

元　素	Pb	Zn	Fe_2O_3	CaO	MgO	SiO_2	Al_2O_3	In
含量	0.033	1.36	27.20	23.55	3.36	36.88	8.46	25.83g/t

在不同烟化温度下，烟化渣中的铅含量与吹炼时间的关系曲线如图7-27所示。

如前所述，烟化法处理鼓风炉炼铅炉渣时，铅的挥发较显著。烟化过程中，铅和锌的氧化物还原是主要反应。热力学研究也表明，由于金属铅及其化合物易于挥发，而且PbS又易被其他金属（如锌和铁等）置换而形成金属铅，而铅单质的熔点低，因此，烟化时，铅主要以金属铅的形态挥发。熔渣组成对铅挥发速度影响的研究表明，熔渣中 SiO_2 含量过高对铅的挥发也不利。随着炉渣中 SiO_2 含量的相对增加，铅的挥发速度减慢。

图7-28所示是不同烟化温度下，烟化渣中的锌含量与吹炼时间的关系曲线。

锌的挥发，除与烟化温度、反应器内气氛及锌的形态有关外，其还原挥发的难易程度还与锌在鼓风炉炉渣中存在的形态有关，当温度在1200℃以上时，ZnO和ZnO·Fe_2O_3的还原已经相当完全，硅酸锌也大部分还原。ZnO的还原动力学表明，当C/ZnO大于0.75时，ZnO的还原程度就可达99.98%，但当C/ZnO为0.5时，ZnO的还原程度只有72.9%。因此，ZnO的还原还必须保证有足够的还原气氛。

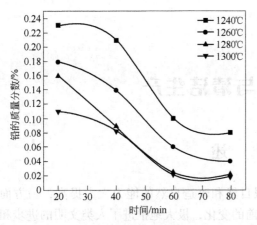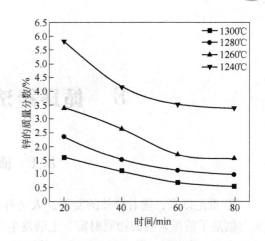

图7-27　不同烟化温度下，烟化渣中的铅含量　　图7-28　不同烟化温度下，烟化渣中的锌含量
　　　　　与吹炼时间的关系曲线　　　　　　　　　　　　　与吹炼时间的关系曲线

7.5.4　小结

对两类含铟鼓风炉炼铅炉渣，采用烟化法进行处理，工艺路线合理可行，适宜的烟化工艺条件为：

（1）对 I 类含铟鼓风炉炼铅炉渣，配料比为炉渣∶熔剂 FeO∶焦炭 = 1000∶36∶20。在适宜的烟化温度（1250℃）下，吹炼时间为60min，控制空气过剩系数为1，此时锌的挥发率为83%，铟的挥发率为77%，铅挥发率为91%。

（2）对 II 类含铟鼓风炉炼铅炉渣，配料比为炉渣∶焦炭 = 1000∶45。在适宜的烟化温度（1270℃）下，吹炼时间为40min，控制空气过剩系数为1，此时锌的挥发率为88%，铅的挥发率为94%，铟的挥发率为50%。铟挥发率偏低，主要以回收铅、锌为主。

两类炉渣的试验研究表明：

（1）对于 FeO/SiO_2 小于 1 的 I 类炉渣，其熔点较高，硅酸度较大，属酸性渣，但这类炉渣通过添加碱性熔剂，调整渣型后，仍然可以顺利地进行烟化处理；

（2）对于 FeO/SiO_2 约等于 1 的 II 类炉渣，其熔点较低、流动性较好，此类炉渣适宜直接进行烟化处理，并有较高的金属回收率。

复习思考题

7-1　简述烟化法处理含铟鼓风炉炼铅炉渣试验所使用的主要设备。

7-2　简述烟化法处理含铟鼓风炉炼铅炉渣试验的操作步骤。

8 循环经济与清洁生产

8.1 概　述

20 世纪以来，随着科技的发展，人类征服自然和改造自然的能力大大提高，一方面人类创造了前所未有的物质财富，生活发生空前的变化，极大地推进了人类文明的进步和发展；另一方面人类在充分利用自然资源和自然环境创造物质财富的同时，却又过度地消耗资源，造成资源短缺和环境污染等问题。20 世纪 60 年代发生了一系列震惊世界的环境公害，严重威胁着人类的健康和经济的进一步发展。西方工业发达国家开始关注环境问题，并提出进行大规模的环境治理，这种"末端治理"模式虽然取得了一定的效果，但并没有从根本上解决经济高速发展对资源和环境的巨大压力。"末端治理"环境战略的弊端日益显现，具体表现为：投入费用高，企业缺乏治理污染的主动性和积极性，治理难度大，并存在污染转移的风险，无助于减少资源浪费，这就要求我们必须实施可持续发展战略，推行清洁生产，发展循环经济。

循环经济的思想，最早是由美国经济学家肯尼斯·鲍尔丁（Kenneth Boulding）在 20 世纪 60 年代提出的。他在《未来的宇宙飞船地球经济》中提出的"宇宙飞船理论"，将地球比作在太空中航行的宇宙飞船，要靠不断消耗自身的有限资源而存在。如果人类不合理开发资源、善待环境，就会像宇宙飞船那样走向毁灭，由此"宇宙飞船理论"提出以"循环经济"代替旧的"单程式经济"。1990 年，英国环境经济学家皮尔斯和图纳（Pearce D. W. & Turner R. K.）在他们发表的《自然资源和环境经济学》中首次正式使用了"循环经济"一词。

从发达国家所经历的工业化发展过程来看，"以资源换增长，以环境换效益"的高投入、高污染、高排放的粗放式经济增长模式，曾经让人们在资源和环境等方面付出了巨大的代价。20 世纪 70 年代爆发的两次世界性能源危机，造成经济增长与资源短缺之间的突出矛盾，引发了人们对经济增长方式的深刻反思，将注意力从污染物产生后的治理，即"末端治理"，转移到在开发利用自然的同时承担着维护自然环境的义务。

直至 20 世纪 90 年代，世界各国达成了可持续发展战略的共识后，源头预防和全过程污染控制逐步成为西方发达国家环境与发展政策的真正主流，清洁生产、循环经济的概念才逐渐流行起来，并进入我国。但在我国，由于工业化时间较短，以高开采、高排放、低利用为特征的线性经济模式仍然是我国工业生产的主流。

清洁生产是时代的要求，是世界工业发展的趋势，是相对于粗放的传统工业生产模式的一种绿色生产方式。工业生产绿色化是清洁生产在工业领域的体现和发展，概括地讲就是要低消耗、低污染、高产出，这是实现经济效益、社会效益与环境效益相统一的 21 世纪工业生产的基本模式。

冶金工业是我国国民经济建设的支柱产业，同时也是环境污染和能耗的主要行业。在冶金行业内推行清洁生产，是实现冶金工业绿色化，推动全社会节能降耗，提高能源利用效率，加快建设节约型社会的客观要求；是缓解甚至解决资源约束矛盾，保障国家能源安全的现实选择；是改善环境质量，缓解环境压力的根本措施；是提高经济增长，增强企业竞争力的重要途径。

铅是国民经济、国防及日常生活不可或缺的基础材料，近年来，我国铅冶炼行业发展迅速，而铅冶炼行业也是产生二氧化硫和废水污染的行业之一。资源、加工成本和环保，已成为制约铅冶炼行业实现可持续发展的决定性因素。铅冶炼行业要与国家不断发展的环保规程相协调，朝着减少环境污染、降低物耗能耗、提高冶炼水平、降低成本的方向发展，这也与清洁生产的客观要求相吻合。实施清洁生产，是铅冶炼行业自身发展的客观要求。

纵观我国铅冶炼企业的生产现状，一是以鼓风炉、反射炉、电炉熔炼技术为主的企业，由于能耗高、资源利用率低，面临经济和环保双重压力，走技术改造已是当务之急；二是部分经过改、扩建的冶炼厂（如驰宏锌锗公司等），采用艾萨法使铅的冶炼在经济与环保协调方面前进了一大步；三是以云锡铅锌公司为代表的、采用当今世界最先进的奥斯麦特炉技术。

无论是大多数技术及装备水平不高的企业，还是技术较先进的企业，都可以在原有基础上实施清洁生产，铅冶炼企业要想在激烈的市场竞争中立于不败之地，实施清洁生产是重要的途径。

8.2 循环经济的理论基础

8.2.1 循环经济的定义

循环经济是对物质闭环流动型经济的简称，是一种以资源的高效利用和循环利用为核心，以"减量化、再利用、资源化"为原则，以低消耗、低排放、高资源利用率为基本特征，符合可持续发展理念的经济增长模式；是把清洁生产和废弃物综合利用融为一体的经济；通过废弃物或废旧物质的再循环和再利用发展经济，其目标是使生产和消费过程中投入的自然资源最少，向环境中排放的废弃物最少，对环境的危害和破坏最小。通俗地讲，循环经济就是利用社会生产和消费过程中产生的各种废旧物资进行循环、利用、再循环、再利用，以至循环不断的经济过程。

循环经济本质上是一种生态经济，要求运用生态学规律来指导人类的社会生产活动，按照自然生态系统物质循环和能量流动规律重构经济系统，使经济系统和谐地纳入到自然生态系统的物质循环过程，建立起一种新形态的经济。它把经济活动组成为"资源-产品-再生资源"的反馈式流程，使所有资源都能不断地在流程中得到合理开发和持久利用，使经济活动对自然环境的不良影响降低到尽可能小的程度，是建设资源节约型和环境友好型社会的最直接表达方式。

8.2.2 循环经济的"3R"原则

循环经济不是单纯的经济问题，也不是单纯的技术问题和环保问题，而是一个系统工程，其特征是低开采、低排放、高利用，是将所有的物质和能源在这个不断进行的经济循环中得到合理和持久的利用，力争把经济活动对自然环境的影响降低到尽可能小的程度。循环经济的核心是减量化（Reducing）、再利用（Reusing）和资源化（Resources）的"3R"原则，如图 8-1 所示。

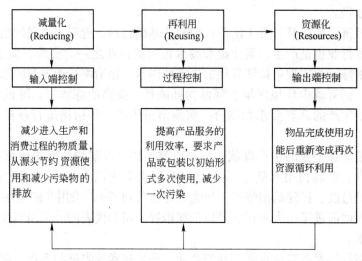

图 8-1　循环经济"3R"原则

8.2.2.1　减量化

减量化就是在经济系统的输入端对所要投入的各种资源进行控制，旨在从源头节约资源的使用和减少污染物的排放，从而减少生产和消费过程中的物质能量流。该思想要求人们在生产进行之前就对如何节省资源、提高资源利用率以及如何预防废弃物的产生进行思考与控制。

减量化属于对生产过程输入端的控制方法。

8.2.2.2　再利用

再利用就是将还具有利用价值的资源或废弃物重新返回到生产过程或消费中，尽可能多次地使用或通过尽可能多的方式去处理加工使其成为资源，从而使资源得到最大化的利用，并减少生产过程中资源的消耗以及废弃物的产生，以最大化地延长资源的时间强度。

再利用属于对生产的过程控制方法。

8.2.2.3　资源化

资源化要求最大程度上地对废弃物进行再处理、再加工，使其成为资源，生产出可用的其他产品，从而减少最终废弃物的处理量，使得废弃物得到再次利用。

资源化属于对生产输出端的控制方法。

循环经济以上述 3 种原则为主要思路，要求人们分别在生产的输入端、中间过程和输出端进行控制，提高资源利用率、降低能源消耗和避免废弃物的产生。

"3R"原则对于提高资源利用率、减少排放、减少对环境的污染将起到积极的作用。

8.2.3　循环经济的本质和内涵

循环经济的本质和内涵包括以下几个方面的内容：

（1）循环经济是一种新的经济增长方式，是建立在人类生存条件和福利平等基础上的，以全体社会成员生活福利最大化为目标的一种新的经济形态，其本质是对人类生产关系进行调整，其目标是追求可持续发展；

（2）循环经济是指模拟自然生态系统的运行方式和规律，实现特定资源的可持续利用和总体资源的永久利用，实现经济活动的生态化，其实质是生态经济；

（3）循环经济要求实现物质的闭环流动，把物质、能量进行梯次和闭路循环使用，使资源和能量发挥最大的作用，而对环境的影响降低到最小；

（4）循环经济要求实现资源消耗和能源消耗的减量化，以实现可持续发展为目标，通过自然资源的低投入、高利用和废弃物的低排放，使经济活动按照自然生态系统的规律，重构组成一个"资源-产品-再生资源"的物质反复循环流动过程，以最小成本获得最大的经济效益和环境效益，实现资源的可持续利用，使社会生产从数量型的物质增长转变为质量型的服务增长。

8.2.4　循环经济的 3 个层面

在实践中，循环经济一般包括 3 个不同而又紧密衔接的层面。

首先是经济或社会活动的基本单元——企业层面（企业小循环），主要针对企业内部的物质循环。其基本特征是：通过采用新的设计与技术，推行清洁生产，实现资源和能源的综合利用。目标是延长物料循环周期，减少生产过程汇总的物料和能源使用量，最大限度地利用可再生资源，提高产品的耐用性与产品服务的强度。

其次是具有一定联系的不同单元的区域——区域层面（区域中循环），主要针对企业之间的物质循环。其基本特征是：通过企业间的物质、能量和信息集成，形成产业间的共生关系。目标是尽量减少废弃物的产生，将某一个生产过程产生的废弃物或副产品作为另一个生产过程所需要的物料再次投入到生产环节中，达到能源与资源的最优利用。

最后是通过不同单元和不同区域的建立，形成的社会层面（社会大循环），通过制定相关的法律法规，实现清洁生产、资源循环，建立废旧物资的回收和再利用体系，实现消费过程的物质能量流的闭路循环，从而达到环境的净化，最终形成"循环型经济社会"。

循环经济为工业化以来的传统经济转向可持续发展经济模式提供了战略性的理论方向，按照物质能量层级利用的原理，把自然、经济、社会和环境作为一个系统工程统筹考虑，立足于生态，着眼于经济，从根本上化解长期以来环境与发展之间的尖锐冲突与矛盾，是新兴工业化的最高形式，是消除经济增长与资源、环境之间矛盾的必由之路。循环经济的循环形态如图 8-2 所示。

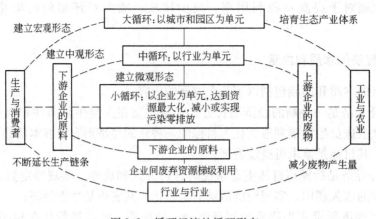

图 8-2   循环经济的循环形态

8.3   清洁生产理论基础

8.3.1   清洁生产的定义

清洁生产的概念是由联合国环境规划署于 1989 年正式提出的。在提出清洁生产概念前后，有关清洁生产的定义和说法可谓五花八门，如污染预防、废物最小化、清洁技术等。在众多的定义中，与我国关系较为密切的定义是 1996 年联合国环境规划署对清洁生产的定义和 1994 年《中国 21 世纪议程》中对清洁生产的定义。2002 年 6 月 29 日，我国颁布了《中华人民共和国清洁生产促进法》，并于 2003 年 1 月 1 日起实施。

联合国环境规划署于 1996 年提出的有关清洁生产的定义，不仅对生产过程与产品，对服务也提出了要求。该定义强调从产品的生产到消费直至最终处置的全过程——产品全生命周期的清洁生产。主要包括以下 3 个方面：

（1）对生产过程，要求节约原料和能源，淘汰有毒原材料，削减所有废物的数量和毒性。

（2）对产品，要求减少从原材料提炼到产品最终处置的全生命周期的不利影响。

（3）对服务，要求将环境因素纳入设计和所提供的服务中。

《中国 21 世纪议程》中，对清洁生产的定义是：清洁生产是指既可满足人们的需要，又可合理地使用自然资源和能源，并保护环境的实用生产方法和措施，其实质是一种物料和能耗最少的人类生产活动的规划和管理，将废物减量化、资源化和无害化，或消灭于生产过程之中。同时，对人体和环境无害的绿色产品的生产也可随着可持续发展进程的深入而日益成为今后产品生产的主导方向。

《中华人民共和国清洁生产促进法》中关于清洁生产的定义是：清洁生产是指不断采取改进设计，使用清洁的能源和原料，采用先进的工业技术和设备、改善管理、综合利用等措施，从源头削减污染，提高资源利用效率，减少或者避免生产、服务和产品使用过程中污染的产生和排放，以减轻或者消除对人类健康和环境的危害。

总之，清洁生产的定义可以简单概括为 8 个字，即"节能、降耗、减污、增效"。

8.3.2 清洁生产的主要内容

清洁生产的主要内容可概括为"4个清洁，1个控制"，即：清洁的原料、清洁的能源、清洁的生产过程、清洁的产品，贯穿于整个清洁生产的全过程控制。

其中，生产原料的全过程控制，也称产品的生命周期控制，指从原材料的组织、运输、加工、提炼到产出产品及产品的使用直至报废处置的各个环节所需采取的必要的污染预防控制措施。

8.3.3 清洁生产与ISO14000

8.3.3.1 ISO14000环境管理标准

ISO14000是国际标准化组织（ISO）从1993年开始制定的系列环境管理国际标准的总称，它同以往各国自定的环境排放标准和产品的技术标准不同，是一个国际性标准，对全世界工业、商业、政府等所有组织改善环境管理行为具有统一标准的功能。它由环境管理体系（EMS）、环境行为评价（EPE）、生命周期评价（LCA）、环境管理（EM）、产品标准中的环境因素（EAPS）等7个部分组成。对于企业来说，广泛开展ISO14000认证工作对其自身发展具有如下意义：

（1）实施ISO14000系列标准有利于实现经济增长方式从粗放型向集约型的转变。

（2）实施ISO14000系列标准有利于加强政府对企业环境管理的指导，提高企业的环境管理水平。

（3）实施ISO14000系列标准有利于提高企业形象和市场份额，获得竞争优势，促进贸易发展。

（4）实施ISO14000系列标准有利于节能降耗、提高资源利用率、减少污染物的产生和排放量。

（5）实施ISO14000系列标准有利于减少环境风险和各项环境费用（投资、运行费、赔罚款、排污费等）的支出，从而达到企业的环境效益与经济效益的协调发展，为实现可持续发展战略创造条件。

（6）实施ISO14000系列标准有利于改善企业与社会的公共关系。

8.3.3.2 清洁生产与ISO14000的关系

清洁生产是指以节约能源、降低原材料消耗、减少污染物的排放量为目标，以科学管理、技术进步为手段，目的是提高污染防治效果，降低污染防治费用，消除或减少工业生产对人类健康环境的影响。实现清洁生产，不是单纯从技术、经济角度出发来改进生产活动，而是从生态经济的角度出发，结合合理利用资源，保护生态环境的原则，考察工业产品从研究、设计、生产到消费的全过程，以期协调社会和自然的相互关系。

ISO14000系列标准包括环境管理体系（EMS）、环境审计（EA）、生命周期评价（LCA）、环境标志（EL）等，与其他环境质量标准、排放标准完全不同，它是自愿性的管理标准，为各类组织提供了一整套标准化的环境管理方法。

ISO14000环境管理体系旨在指导并规范企业（及其他所有组织）建立先进的体系，

引导企业建立自我约束机制和科学管理的行为标准，它适用于任何规模与组织，也可以与其他管理要求相结合，帮助企业实现环境目标与经济目标。

清洁生产与 ISO14000 环境管理体系都体现了经济-环境协调可持续发展的思想，但它们之间仍有很大的差别，具体体现在以下几个方面：

（1）侧重点不同。清洁生产着眼于生产本身，以改进生产、减少污染产出为直接目标。而 ISO14000 标准则侧重于管理，强调标准化的、集国内外环境管理经验于一体的、先进的环境管理体系模式。

（2）实施目标不同。清洁生产是直接采用技术改造，辅以加强管理，对污染控制目标和环境质量标准都有具体数值要求。而 ISO14000 标准是以国家法律法规为依据，采用优良的管理体系，促进技术改造。ISO14000 要求组织制定并量化其改善环境的目标和指标，在本次目标和指标完成后，制定下一次目标和指标，以保持持续改进。

（3）审核方法不同。清洁生产中以流程分析、物料和能量平衡等方法为主，确定最大污染源和最佳改进方法。而环境管理体系中还侧重于检查企业自我管理状况，审核对象有企业文件、现场状况及记录等具体内容。

（4）产生的作用不同。清洁生产向技术人员和管理人员提供了一种新的环保思想，使企业环保工作重点转移到生产中来。ISO14000 标准为管理层提供一种先行的管理模式，将环境管理纳入其管理之中，让所有的员工意识到环境问题，并明确自己的职责。

（5）推行和监督不同。对于清洁生产，我国的《清洁生产促进法》已于 2003 年 1 月1 日起实施，与之相配套的政策、规章、技术规范和标准等陆续出台，目前已初步形成体系，其推行和实施有法定的部门，并逐渐形成经济手段、行政手段和法律手段并举的局面。ISO14000 环境管理体系的推行动力主要来自两个方面：一是企业为提高整体的管理水平，并适应国际绿色消费浪潮和打破绿色贸易壁垒，使产品或服务适合国际绿色潮流的要求，原动力仍是企业的生存和发展；二是政府的鼓励措施，其推行以自愿为原则，实施效果的监督由第三方（认证机构）负责。

由以上分析可见，清洁生产没有标准，只有概念性环保策略。ISO14000 是系统管理标准，有严格的认证制度。清洁生产与 ISO14000 两者并不矛盾，其污染防治目标在生产源头、过程和末端的减废及废物回收、再生，最终减少对环境的影响是一致的。具体地说，ISO14000 提供了系统化、结构化的管理构架，但制度本身并不必然导致环境问题的解决。采用清洁生产是有效预防工业污染的最佳途径，通过经济有效的先进科学技术进行清洁生产，以实现生产过程的污染排放量最少，能源、资源消耗最少的目的，所以清洁生产工作是实施 ISO14000 的必然要求，ISO14000 确保清洁生产的具体措施得以落实。清洁生产虽然强调污染预防，但技术含量较高。环境管理体系强调污染预防技术的采用，但管理色彩较为浓厚，两者共同体现了治理污染以预防为主的思想，两者相辅相成、相互促进。ISO14000 标准为清洁生产提供了机制、组织保证，而清洁生产为 ISO14000 提供了技术支持。

8.3.4　清洁生产与循环经济的关系

清洁生产是一项实现经济与环境协调发展的环境策略，清洁生产是将综合预防的环境战略持续地应用于生产过程、产品和服务中，以提高效率，降低对人类和环境的危害。清洁生产的实质是预防污染，从源头减少资源的浪费，控制污染物的产生，实现经济效益与环境效益的统一。

循环经济的内涵体现了"资源-产品-废弃物-再生资源"的物质循环过程，以资源的高效利用和循环利用为核心，以"减量化、再利用、资源化"（即"3R"）为原则，以低开采、低消耗、低排放、高效率为基本特征，寻求一条与地球资源储备相协调又能改善生态环境的生产、消费、生活方式以及废弃物有效利用的途径。"减量化、再利用、资源化"（即"3R"）是循环经济最重要的实际操作原则。

循环经济的具体活动主要集中在 3 个层次，即：企业层次、企业群落层次和社会整体层次。

（1）在企业层次上根据生态经济效益理念，要求企业减少产品和服务的物料使用量、减少产品和服务的能源使用量、减排有毒物质、加强物质的循环、最大限度可持续地利用可再生资源、提高产品的耐用性、提高产品与服务的服务力度。

（2）在企业群落层次上按照工业生态系统理念，建立企业群落的物质集成、能量集成和信息集成，建立企业与企业之间废物的输入输出关系。

（3）在社会整体层次上，以生活废弃物再利用理念，大力发展绿色消费市场和资源回收产业，在整个社会范围内，完成"自然资源-产品和用品-再生资源"的闭合回路。

因此，循环经济是把清洁生产和废弃物的综合利用融为一体的经济，清洁生产的基本精神是源削减，生态工业和循环经济的前提和本质是清洁生产，这一论点的理论基础是生态效率。生态效率追求物质和能源利用效率的最大化和废物产量的最小化，不必要的再用意味着上游过程物质和能源的利用效率未达最大化，而废物的再用和循环往往要消耗其他资源，且废物一旦产生即构成对环境的威胁。在这里要强调的是，清洁生产强调的是源削减，即削减的是废物的产生量。

循环经济"减量、再利用、资源化"的排列顺序充分体现了清洁生产源削减的精神，换言之，循环经济的第一法则是要减少进入生产和消费过程的物质量，或称为减物质化。循环经济把减量放在第一位并称之为输入端法，即：对于生产和消费过程而言，不是进入什么东西就再用什么东西，也不是进入多少就再用多少，相反，循环经济遵循清洁生产源削减精神，要求输入这一过程的物质量越少越好。正是因为循环经济把源头削减放在第一位，生态设计、生态包装、绿色消费等清洁生产的常用工具才能成为循环经济的实际操作手段。

8.3.5　清洁生产与原企业技术改造的区别

清洁生产的核心是科技进步，所以清洁生产必须要淘汰落后工艺、技术、设备，调整结构，加快技术进步。

因此清洁生产与原企业技术改造的区别是：前者是用清洁生产方法（源头预防理念），通过实施审核后提出的技术改造方案，同时要结合综合的管理措施、提高劳动者素质及制度创新，而后者是没有通过清洁生产审核提出的单项技术改造方案。

8.3.6　清洁生产工具

清洁生产审核是企业实施清洁生产的工具之一。清洁生产审核是对组织现在的和计划进行的生产和服务实行污染预防的分析和审核程序，是组织实行清洁生产的重要前提。在实施污染预防分析和审核过程中，制定并减少能源、水和原材料使用，消除或减少产品、生产和服务过程中有毒物质的使用，减少各种废物排放及其毒性的方案。

清洁生产审核是实施清洁生产最主要，也是最具可操作性的方法，它通过一套系统而科学的程序来实现，重点对组织产品、生产及服务的全过程进行预防污染的分析和审核，从而发现问题，提出解决方案，并通过清洁生产方案的实施在源头减少或消除废物的产生。清洁生产审核包括筹划和组织、预审核、审核、方案产生和筛选、可行性分析、方案实施、持续清洁生产7个阶段。

清洁生产审核的总体思路是：判明废物的产生部位——分析废物产生的原因——提出减少或消除废物方案。

清洁生产方案是实现清洁生产的具体途径，通过方案的实施，实现清洁生产"节能、降耗、减污、增效"的目标。清洁生产方案的基本类型包括：

（1）加强管理与生产过程控制，一般是无/低费方案，在实施审核过程中，边发现、边实施，陆续取得成效。

（2）原辅料的改变，即采用合乎要求的无毒、无害原辅材料，合理掌握投料比例，改进计量输送方法，充分利用资源和能源，综合利用或回收使用原辅材料，合理掌握。

8.3.7   质量守恒原理

物质循环与物质能量的梯级利用是清洁生产的内容，物料和能量平衡也因此成为清洁生产实施所需要的重要工具，其理论基石是质量和能量守恒原理。

8.3.7.1   能量守恒原理

A   能量转化的基本原理

虽然能量的形式不同，但其可以相互转化或传递，在转化或传递的过程中，能量的数量是守恒的，能量既不能创造，也不会消灭，而只能从一种形式转化为另一种形式，从一个物体传递到另一个物体。在能量转化和传递过程中，能量的总量恒定不变，这就是热力学第一定律，即能量转化和守恒定律。

能量转换是能量最重要的属性，也是能量利用中的重要环节。体系在过程前后的能量变换 ΔE 应与体系在该过程中传递的热量 Q 与功 W 相等，即：

$$\Delta E = Q + W$$

体系吸热为正值，放热为负值。体系得功为正值，对环境做功为负值。

B   能量贬值原理

所谓提高能量的有效利用问题，其本质就在于防止和减少能量贬值现象的发生。能量质的属性是由第二定理来揭示的。

热力学第二定律的实质就是能量贬值原理，它指出能量转换过程总是朝着能量贬值的方向进行，高品质的能量可以完全转化为低品质的能量，能量传递过程也总是自发地朝着能量品质下降的方向进行。能量品质提高的过程不可能自发地单独进行，一个能量品质提高的过程肯定伴随着另一个能量品质下降的过程，并且这两个过程是同时进行的，即这个能量品质下降的过程就是实现能量品质提高过程的必要的补充条件，任何过程的进行都会产生能量贬值。

C 能量转换的效率

热力学的两个定律告诉我们，欲节约能源，必须考虑能的量和质两个方面。对于能量利用中最重要的热能利用来说，"可用能"可以理解为：处于某一状态的体系可逆地变化到与基准态（周围环境状态）相平衡时，理论上能对外界所作出的最大有用功。

8.3.7.2 物质守恒原理

A 基本原理

质量守恒是自然界的普遍规律。根据热力学第一定律，物质在生产和消费过程中及其后都没有消失，只是从原来"有用"的原料或产品变成了"无用"的废物进入环境中，形成污染，物质的总量保持不变。这说明物质流、能量流的重复利用和优化利用是可能的。

物质守恒可以用物料衡算方程式来表示。进行物料衡算时，对于过程的体系、环境及边界用方框图加以表示，如图8-3所示。

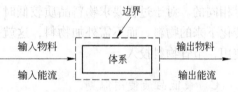

图8-3 物料衡算中的体系和环境示意图

图8-3中方框表示过程的体系，可以是一个单元操作，也可以是过程的一部分或整体。

物质平衡的基本表达式为：

$$\sum F - \sum D = A$$

式中　　F——体系的进料量；

　　　　D——体系的出料量；

　　　　A——体系中物料的累积量。

输出物流包含产品和废弃物两部分。从某种意义上说，环境问题的主要根源是系统排放的废气物。系统运行可以表述为一个输入-输出过程，物质和能量是工业生产系统的两大要素，所以生产过程也是一个物料资源和能源的流动过程和消耗过程。生产量越大，输出产品就越多，但同时物质资源和能源消耗就越多，所排放的废弃物也相应地增多，对环境的影响也就越大。

B 物料衡算基本程序

(1) 识别问题的类型，这是进行数据处理、建立平衡方程式的基础；

(2) 绘制过程流程图，并在图上有关位置标注所有已知和未知变量，分析物料运动的方向、条件以及数量的关系。

(3) 选择计算基准。

(4) 建立输入-输出物料的表格，以此来描述和识别所有进入体系和离开体系的物料。

（5）建立物料关系的平衡式。

8.3.7.3　物质循环利用原理

清洁生产利用废物最小化、循环以及再利用等策略实现物料的最大利用率。

为了实现清洁生产目标，应当遵循物质循环利用原则，通过不同发展方式的互补，实现资源的循环利用与可持续利用，以最小的代价换取最大的发展。

A　质量品质

所谓品质是指物料能对过程所作贡献的性质，可以是纯度、浓度、反应转化率、溶解性、催化性能等。随着物料在过程中的转化、混拌和使用，其品质在逐渐降低，直至降到该过程能够使用的品质低限，转变成废物。

B　物料分级串联使用原则

物质资源是具有很多种使用属性和功能的，在加工使用过程中不能只用其一方面而不计其余，否则会造成资源的浪费。过程的不同，工序或单元操作中对物料的品质要求是不尽相同的。对于过程要求物料品质较低时，就可以在满足工艺规程的前提下考虑用高品质转化下来的物料，而不需外加物料，这就是说，物料完全可能按照品质要求，分层次串联使用，节省物料投入。

C　最低品质使用原则

在满足工艺要求的情况下，应尽可能地用低品质物料，降低对高品质物料的消耗，提高过程的经济效益。有些时候需要提高物料的品质，品质升高幅度越大、所需付出的代价越大，所以应尽可能以最小的品质提高幅度来完成过程要求，即尽可能在过程中间处理，而不是在废物形成之后处理。

D　废物循环利用原则

尽管对一个过程而言，废物的品质最低，无法使用，但它可以经品质提高用于其他过程或直接用于要求品质较低的过程。确定低品质过程需求、利用废物不必局限于一个过程或企业，应结合其他经济指标综合考察，在较广泛的范围内寻找，这是清洁生产物质循环利用的理论基础。

8.3.8　生态学理论

从生态学的角度来看，清洁生产是一个产品或者产业生态化的过程，它首先是指人们的生产和消费活动应符合生态系统物质和能量流通规律，既能满足人类和其他方面的需要，又能提高生态、经济和社会效益。其次，是指将环境因素纳入设计决策，强调产品或者产业发展应与生态平衡，即借鉴生态学的基本观点、概念和方法，并将其延伸和应用到清洁生产领域，组织和构架产业系统，改变现有发展模式，引导产品、过程和产业依据自然生态学原理建立新的发展模式。

8.3.8.1　生态学及其基本规律

著名生态学家马世骏把生态学定义为"研究生物与环境之间相互关系及其作用机理的科学"。美国生态学家奥达姆（Odum）在其著作《生态学》中提出，生态学是"综合研究有机体、物理环境与人类社会的科学"。由于人类环境问题和环境科学的发展，促使人们将社会和生产纳入生态系统中，应用生态学原理来研究并阐明整个生态圈内生态系统的相互关系问题。

生态学主要有以下四条基本规律：

（1）相互依存与相互制约规律；

（2）物质循环与再生规律；

（3）物质输入输出平衡规律；

（4）环境资源的有效极限规律。

8.3.8.2　产业生态化

生态学的观念和原理已经渗透到人类生活的各个领域，应用到环境、资源、发展问题的研究中，并进一步指导人类的思想、决策、行为和发展战略。特别是近20多年来，由于对以往人类活动违背生态规律带来不良后果的反思，对现实严重生态危机的觉醒以及对生态系统整体性更全面的了解，人们对生态学的认识正在不断地提升和创新。

当前，生态化这个词已经广泛渗透到了人们生产、生活的各个领域，并在生产和生活的各个领域实施各种生态化措施，这说明人们不仅有了生态化的意识、生态化的需求，而且有了生态化的行动。

产业生态化，首先是指把产业系统看做是生物圈的一个有机组成部分，把作为物质生产过程中主要内容的产业活动纳入生态系统的循环中，把产业活动对自然资源的消耗和对环境的影响置于生态系统物质能量的总交换过程中，实现产业活动与生态系统的良性循环和可持续发展。其次，产业生态化是指在生态学原理的指导下，按照物质循环、生物共生原理对生态产业系统内各组分进行优化组合，产业依据自然生态的循环利用原理建立发展模式，在不同的企业、不同类别的产业之间形成类似于自然生态链的关系，构建高效率、低消耗、少污染、经济与环境相协调发展的生态产业体系的过程。产业生态化过程意味着社会生产、分配、流通、消费到再生产各个环节的生态化过程。它不仅强调生产过程即产中环节的生态化，而且同时强调产前、产后环节的生态化，使生态化过程向产前、产后延伸，从而达到生产全过程的资源循环利用，实现全程生态化。

8.4　国内外推动清洁生产的实践

伴随着清洁生产概念的提出，推动清洁生产的实践正在世界各国和不同层面上开展，这冲击了人类社会传统的生产发展模式，促进了可持续发展战略的实施，并在实践中进一步丰富、深化了清洁生产的概念和内涵。

清洁生产的概念提出后，每两年要举行一次全球范围的清洁生产研讨会，交流各国清洁生产的方法和经验，成果喜人。

8.4.1　国内推动清洁生产的实践

"清洁生产"一词在我国出现虽然时间不长，但其内容、做法早在20世纪80年代就进行过探讨和实践。

1992~1997年，这一时期是中国实施清洁生产的初始阶段，这一阶段主要侧重于企业层次，以宣传、示范、推动清洁生产为基本特征。

1997~2002年，《清洁生产促进法》的出台，是中国清洁生产发展的第二阶段。《清洁生产促进法》以法律形式系统地体现了中国推行清洁生产的基本政策、核心内容及实践过程。这一阶段的基本特征是：在继续开展清洁生产培训和审核示范活动基础上，转向促进清洁生产的政策机制建立。

进入21世纪，特别是《清洁生产促进法》的颁布，使中国的清洁生产进入了一个新的阶段。截至2006年，清洁生产正以多样性和内涵拓展的方式深化发展，主要表现在以下几个方面：

（1）将清洁生产结合到产业和环境保护主流活动过程中；

（2）推动各种清洁生产的管理政策和工具的建立实施；

（3）清洁生产向着循环经济拓展延伸。

清洁生产是污染物减排最直接、最有效的方法，是实现"十二五"节能减排目标的重要举措。清洁生产审核是实行清洁生产的前提和基础，也是评价各项环保措施实施效果的工具。

清洁生产不单是一种防治污染的手段，更是一种全新的生产模式，它通过合理利用自然资源、资源的综合利用、短缺资源的代用、二次能源的利用，最大限度地减少原材料和能源的消耗，从而减少废物和污染物的排放，达到节能、降耗、减污、增效的目的，促进工业产品的生产、消耗过程与环境相容，降低工业活动对人类和环境的风险，实现企业与环境协调发展，同时提高企业的市场竞争力。

清洁生产是一个涉及企业各个部门的庞大的系统工程，它对企业的整体素质提出了更高的要求，要求经济效益、社会效益和环境效益在更高层次的统一。

实现清洁生产要做的工作很多，难度较大而最基本的路子是要节能降耗、综合治理，从而产生良好的环境与经济效益，使企业走上良性循环和可持续发展的道路。

8.4.2　国际社会推动清洁生产的实践

由联合国环境署每两年定期召开的清洁生产国际研讨会是推动清洁生产的重要行动，也是监测清洁生产实施，向国际社会展现其进展并传播交流清洁生产实践经验的有效途径。1990年，清洁生产国际高层研讨会在英国首次启动，随后清洁生产国际高层研讨会先后在法国、波兰、英国、韩国、加拿大、捷克和墨西哥举办。

八次会议的相关内容见表8-1。

联合国环境规划署根据全球日益恶化的环境状况，于1989年5月作出了关于环境无害技术的决定。同年，联合国环境规划署工业与环境规划中心（UNEPIE/PAC）提出了"清洁生产"（Cleaner Production）的概念。

表 8-1　联合国环境署清洁生产国际高层研讨会简况

序号	时　间	地　点	主　题
1	1990 年 9 月	坎特伯雷（英国）	启动清洁生产计划
2	1992 年 10 月	巴黎（法国）	制定清洁生产计划与行动措施
3	1994 年 10 月	华沙（波兰）	推动清洁生产
4	1996 年 9 月	牛津（英国）	可持续工商业发展
5	1998 年 9 月	汉城（韩国）	国际清洁生产宣言
6	2000 年 1 月	蒙特利尔（加拿大）	推进污染预防和清洁生产
7	2002 年 4 月	布拉格（捷克）	清洁生产与可持续消费
8	2004 年 11 月	蒙特雷（墨西哥）	可持续消费与生产

1990 年 10 月，在英国坎特伯雷清洁生产研讨会上，联合国工业与环境规划中心推出了清洁生产计划，此项计划的推出在很大程度上得益于来自政府、工业界、研究机构和环境团体的 150 多位清洁生产倡导者的努力。通过推出这一清洁生产计划，他们希望世界各国摆脱污染的"末端治理"，走向清洁生产。

1996 年，联合国环境规划署提出了一种新的定义，不仅对生产过程与产品，对服务也提出了要求，并将环境因素纳入产品的设计和所提供的服务中。这种服务，实际上是对产品最终处置的进一步强调与补充。在产品问世之前的设计中，应当考虑环境因素，采用"绿色设计"，消除产品形成后对环境产生的负面影响，即强调从产品的产出到消费、到最终处置的全过程——产品全生命周期的清洁生产。

1998 年 9 月，联合国环境署在韩国汉城举行了第五次清洁生产国际高层研讨会，旨在提供关于如何改善其进展监测指标的建议，以及建立更好的清洁生产地区性举措。此次会议最大的贡献是出台了《国际清洁生产宣言》，宣言确定了六大行动，包括：

（1）通过各种对利益相关者的影响，增加其对清洁生产的决心；

（2）大力开展清洁生产的宣传、教育和培训等能力建设；

（3）将预防性战略综合到一个组织的各种活动层面及其管理体系中；

（4）推动以预防为核心的研究与开发的创新；

（5）开展清洁生产实践的沟通交流与经验传播；

（6）建立清洁生产的技术、资金支持，促进清洁生产的实践及其持续改进。

《国际清洁生产宣言》的产生，标志着清洁生产正在不断获得各国政府和国际工商界的普遍响应。

复习思考题

8-1　循环经济与清洁生产理论产生的背景是什么？

8-2　什么是循环经济，"3R"原则是什么？

8-3　循环经济的本质和内涵是什么？

8-4　什么是清洁生产，主要内容是什么？

8-5　清洁生产与循环经济的关系是什么？

8-6　什么是清洁生产的质量守恒原理。

8-7　什么是清洁生产的生态学理论。

参 考 文 献

[1] 雷霆, 王吉坤. 熔池熔炼——连续烟化法处理有色金属复杂物料 [M]. 北京: 冶金工业出版社, 2008.

[2] 虞觉奇, 等编译. 二元合金状态图集 [M]. 上海: 上海科学技术出版社, 1987: 712.

[3] 陈利生, 余宇楠. 湿法冶金——电解技术 [M]. 北京: 冶金工业出版社, 2010.

[4] 戴自希. 世界铅锌资源的分布、类型和勘查准则 [J]. 世界有色金属, 2005 (3): 15 ~23.

[5] 戴自希, 张家睿. 世界铅锌资源和开发利用现状 [J]. 世界有色金属, 2004 (3): 22 ~29.

[6] 重有色金属冶炼设计手册编委会. 重有色金属冶炼设计手册 (铅锌卷) [M]. 北京: 冶金工业出版社, 1996: 5.

[7] 蒋继穆. 我国铅冶炼现状及改造思路 [J]. 有色冶炼, 2000, 20 (5): 1 ~3.

[8] 彭容秋. 铅锌冶金学 [M]. 北京: 科学出版社, 2003: 152, 238 ~258.

[9] K. S. Izbakhanov. 苏联契姆肯特炼铅厂天然气和汽化冷却在炉渣烟化上的应用 [J]. 有色冶炼, 1991, 20 (3): 27 ~29.

[10] 马永刚. 铅锌精矿短缺制约我国铅锌工业的长足发展 [J]. 世界有色金属, 2002, (2): 14 ~19.

[11] 刘世友. 铟的生产、应用和开发 [J]. 稀有金属和硬质合金, 1994, (119): 49 ~51.

[12] 殷芳喜. 我厂铟的回收方法及工艺改进 [J]. 有色冶炼, 1997, (6): 36 ~38.

[13] 雷霆. 烟化泡沫渣特性研究 [J]. 有色冶炼, 2002, (5): 6 ~8.

[14] 郭兴忠. 锌铅分离的理论及应用研究 [D]. 重庆: 重庆大学, 2003.

[15] 陶东平. 液态合金和熔融炉渣的性质——理论·模型·计算 [M]. 昆明: 云南科技出版社, 1997: 187, 191.

[16] 任弘九, 等. 有色金属熔池熔炼 [M]. 北京: 冶金工业出版社, 2001.

[17] 彭容秋. 铅冶金 [M]. 长沙: 中南大学出版社, 2004.

[18] 吴季松. 循环经济 [M]. 北京: 北京大学出版社, 2003.

[19] 王金南. 循环社会的动力 [J]. 中国环境报, 2002 (1).

[20] 冯良. 关于推进循环经济的几点思考 [J]. 节能与环保, 2002 (2).

[21] 夏绪辉. 冶金工业中的清洁生产技术 [J]. 湖北工业大学学报, 2006, 21 (3): 193.

[22] 刘书俊. 循环经济与工业生态系统运行实例分析 [J]. 环境科学与技术, 2009, 32 (3).

[23] 鲍健强, 黄海凤. 循环经济概论 [M]. 北京: 科学出版社, 2009.

[24] 张天柱. 清洁生产导论 [M]. 北京: 高等教育出版社, 2006: 6 ~18.

[25] 金适. 清洁生产与循环经济 [M]. 北京: 气象出版社, 2007: 3 ~22.

[26] 徐波, 吕颖. 发达国家发展循环经济的政策及启示 [J]. 生态经济, 2005 (6).

[27] 马凯. 贯彻落实科学发展观, 推进循环经济发展 [N]. 人民日报, 2004 – 10 – 19.

[28] 周宏春, 刘燕华, 等. 循环经济学 [M]. 北京: 中国发展出版社, 2005.

[29] 杨利均. 浅析有色金属行业中的清洁生产 [J]. 四川有色金属, 2006 (3): 43 ~46.

[30] 张六零. 冶金企业清洁生产审核 [J]. 冶金环境保护, 2004 (6): 1 ~4.

[31] 潘春玲, 等. 有色金属工业污染现状及防治对策 [J]. 有色金属, 2000, 52 (1): 83 ~85.

[32] 景园德. 有色金属行业推进清洁生产的思考 [J]. 青海经济研究, 2004 (5): 48 ~50.

[33] 吴义千. 我国有色金属工业环保科技的进步和展望 [J]. 有色冶炼, 2000, 29 (3): 7 ~11.

[34] 许志宏. 冶金工业中能源和环保的综合思考 [J]. 冶金管理, 2000 (7): 43 ~45.

[35] 朱军. 冶金清洁生产的基本特征与方法 [J]. 有色金属, 2002, 54 (7): 173 ~175.

[36] 黄树辉. 冶炼行业实施清洁生产案例分析 [J]. 上海环境科学, 2002 (8).

[37] 蔡兴, 李奇勇. 优化工艺结构, 推行清洁生产 [J]. 环境污染与防治, 1998, 3 (11): 183 ~185.

［38］翁平，黄翔峰．清洁生产与环境污染治理［J］．环境污染与防治，1998，3（11）：185～187.

［39］钱易．清洁生产与可持续发展［J］．中国清洁生产，1998，1（1）：6～10.

［40］马建立，郭斌，赵由才．绿色冶金与清洁生产［M］．北京：冶金工业出版社，2007：3～32.

［41］周律．清洁生产［M］．北京：中国环境科学出版社，2001：10～20.

［42］史捍民．企业清洁生产实施指南［M］．北京：化学工业出版社，1997：11～58.

［43］周振联，等．清洁生产经济与环境协调发展［J］．中国贸易导刊，1999（20）：30.

［44］王守兰，武少华，万融．清洁生产理论与实务［M］．北京：机械工业出版社，2002：12～63.

［45］陈利生，余宇楠．火法冶金——备料与焙烧技术［M］．北京：冶金工业出版社，2011.

［46］刘自力，刘洪萍．火法冶金——粗金属精炼技术［M］．北京：冶金工业出版社，2010.

［47］John F. Moulder, et al. Handbook of X - ray Photoelectron Spectroscopy［M］. Waltham：Perkin - Eimer Corporation，1992：45.

冶金工业出版社部分图书推荐

书　名	作　者	定价(元)
铅锌冶炼生产技术手册	王吉坤	280.00
重有色金属冶炼设计手册（铅锌铋卷）	本书编委会	135.00
贵金属生产技术实用手册（上册）	本书编委会	240.00
贵金属生产技术实用手册（下册）	本书编委会	260.00
铅锌质量技术监督手册	杨丽娟	80.00
锑冶金	雷霆	88.00
铟冶金	王树楷	45.00
铬冶金	阎江峰	45.00
锡冶金	宋兴诚	46.00
湿法冶金——净化技术	黄卉	15.00
湿法冶金——浸出技术	刘洪萍	18.00
火法冶金——粗金属精炼技术	刘自力	18.00
火法冶金——备料与焙烧技术	陈利生	18.00
湿法冶金——电解技术	陈利生	22.00
结晶器冶金学	雷洪	30.00
金银提取技术（第2版）	黄礼煌	34.50
金银冶金（第2版）	孙戬	39.80
熔池熔炼——连续烟化法处理	雷霆	48.00
有色金属复杂物料锗的提取方法	雷霆	30.00
硫化锌精矿加压酸浸技术及产业化	王吉坤	25.00
金属塑性成形力学原理	黄重国	32.00